鯉魚山下種房子

——假日農夫奮鬥記

陳寶匡 著

「半農半X」台灣版的實踐

李偉文

隨著年齡愈長，每當忙碌的工作與行程間隙，腦海裡就會浮現由三毛作詞的〈夢田〉這首歌：「每個人心中都有一個夢，每個人心中都有一畝田，用它來種什麼？種桃種李種春風……」。

我知道不只是我有這個夢，因為周遭許多朋友退休後真的到鄉下買塊農地，開始當起農夫，不過有更多人買了地蓋了農舍之後，才發覺當農夫很辛苦，於是半途而廢，農地就荒廢在那裡，更可惜的是為了省事，把農地鋪上草坪或改成水泥停車場，若是這些擁有田園夢的朋友都能先看到這本《鯉魚山下種房子》就好了！

我非常認同作者寶匡「平衡」的人生觀，有時候該積極努力，有時候該無所事事，因此，若為了實踐田園夢而當個全職農夫，雖然可以全力投入，但是為了收成與營收可能會產生另外的煩惱，若是仍保有養家活口的正職而當個假日農夫，在沒有經濟壓力的情況下，即便只有假日揮汗勞動，也足以接近土地與生命，體驗更寬廣的人生。

這種一半上班一半當農夫的生活，剛好是日本前些年開始流行的「半農半X」的新概念，也就是花一半的時間做農夫種自己吃的菜，另一半時間找到自己的生命職志，貢獻社會。我們從寶匡非常詳實的記錄中確信，我們真的可以過著不再被物質文明綑綁，回歸人類本質，做回自己的真正生活。

寶匡有正職的工作，因此可以用比較自在的心情，讓這塊原本是香蕉園的一千二百坪果園，慢慢長回生態豐富的生機花園，裡面有溪流，有生態池，有非常多樣化的果樹，有稻田，有香花植物，有大樹，變成各種昆蟲、生物的便利商店；而也因為他有正職工作，這個生機花園裡蓋的小木屋，室內只有十一坪，占不到整個農地的百分之一面積，不像許多人買農地的目的只為蓋出一個巨大的豪華農舍。

寶匡這種一半一半的平衡人生，讓我想起清朝李密庵所寫的〈半半歌〉：「看破浮生過半，半之受用無邊。半中歲月儘幽閒，半裡乾坤寬展……酒飲半酣正好，花開半吐偏妍……」寶匡的假日農夫行動，也豐富了周邊許多親友的生活，最棒的當然就是隨著這個花園農地的成形而誕生成長的兩個孩子，藉由寶匡生動而仔細的描述，相信大家都可以從中學到許多教養孩子的方法及鼓舞自己追求夢想的勇氣。

當剷掉原本的香蕉園，從一片空空的農地開始，這塊土地如何重新慢慢活過來，成為所有生物，包括人類，可以和平共處的樂園，寶匡鉅細靡遺、毫不藏私的公開他所有的設計圖、他所學習與實作的經驗與成果。對任何一個懷有田園夢卻沒有實際農作經驗的都市人而言，《鮭魚山下種房子》是最好的參考書籍，而且即便對於目前沒有能力或興趣做個假日農人的人而言，也是一本非常好看的書，能夠帶給我們很多樂趣與知識，當我們跟著朋友或帶著孩子到鄉間旅行時，就可以發現真是受益良多啊！

（本文作者為牙醫、作家、荒野保護協會榮譽理事長）

田園夢，從「土地」開始思考，而不是房子

林黛羚

終於，有一本針對土地，做了詳實、親身執行的規劃過程的記錄。

終於，有人仔細分享了友善的「土地設計」。

常有人買了地之後，只顧著決定房子要擺哪裡才有view、什麼樣造型才好看，他們誤以為房子是整個程序的重心，這是大錯特錯。宜蘭、花東的農夫及原住民，其實對於有些外來移民的心態感到十分頭疼，因為他們的無知、濫蓋，不只讓自己的居住環境顯得荒謬可笑、也影響到當地居民的視覺、甚至遮住了周邊稻田的陽光。假如你真的有一塊地，尤其是鄉下郊區的農地、荒地，就要帶著珍惜與共好的心態。不能抱著上對下的父權姿態，不能因為覺得是自己買了，就用對待無生命物體態度對待土地。若有心要到這塊地生活，第一件、也是最重要的事，就是做好土地的分區規劃與設計。至於房子，只是土地上的元素之一而已，應與樹、地形、生態池、菜園、果園放在同等地位思考。地主應把這塊地當成自己的生活夥伴，平等對待，當你在某區域占了它一分便宜、就要在別的地方還它一分自在。至於怎麼做呢？那就來看這本書吧！

坊間不乏歸田園居、享受鄉下生活的好書，但是大多著重心靈層面，而這本書最大特色之一，就是除了個人的體驗感受外，作者寶匡還在前半段清楚的分享記錄了他的「土地設計」概念。台灣會建築設計、室內設計、園藝設計的專業人才很多，但是結合「功能、美感及生產」這三大要素的「土地設計」想法，並且以實例來說明呈現

的書籍還很有限。寶匡用循序漸進的時間軸，從觀察周遭地形、氣候、陽光等條件開始，然後以個人自小養成的美學觀點、以及對土地的呼應，規劃出生態池、路徑、房子、菜園及果園，讓土地上的多種元素，能夠清楚而系統性的串連、結合生活的便利性。他透過簡單易懂的手繪圖，分析他的配置想法，也透過手繪圖解說了生態池的鋪設，以及如何營造動植物最大的活動孔隙。

當地主對自己的土地用心、帶著回饋、留白（適度野放）、不施加外力（農藥化肥）時，土地自然可以恢復原有的健康與自衛力，形成天然的生態食物鏈。活躍的生命力不但讓土地開心，也讓住在上面的人開心，寶匡的親友長輩們，已把這裡視為家族定期聚會之處。不過，這並不是說，要讀者依書中的設計方式、照表操課，畢竟，設計總是在不停的微調之中更趨完美。因此，重點是學習作者的土地設計ＳＯＰ，以及他的初衷——對土地良善的態度。至於如何設計、種植什麼，要再依照每塊地的現況而有不同解答了。

雖然，我現在超不鼓勵人家買地蓋房子，因為我發現一般人（包含我）還是有都市人的習性，很難好好善待土地。但如果，你已經有一塊地、或者你將來真的很想有一塊地，那我真的誠心建議你參閱這本書，作者深入淺出的實務經驗，一定可以讓讀者有些共鳴或想法，進而讓多一點土地有被善待的機會。這是準地主們必看的土地設計實務記錄書！

（本文作者為友善生活記錄者、著有《好感辦公室》、《老屋綠改造》等書）

想法很重要，家人更重要

民國九十六年在網路上架設慵懶草原的部落格，當時只是單純記錄假日農夫的開墾經驗，沒想到慵懶草原的訊息就這樣被轉遞，熱血、浪漫、無厘頭交雜其中，吸引大家對田園生活的進一步描繪與想像。請問，可以參觀一下嗎？我們台北來的！編織一個田園夢，台北與慵懶草原之間，其實不遠；溫哥華、馬來西亞、香港的朋友接著也來了，他們來到了鯉魚山腳下，找尋一種慵懶草原可以給大家實現田園夢想的信心。

你們不也來了嗎？手上拿著這本書，想像著你和家人站在田中央，還偷偷加了一點微風和微笑，如果曾經在走廊上、茶水間，閃過一幕田園夢幻，希望這一本書帶給你力大無窮的希望。

民國九十四年耶誕節前後，三十二歲的我，開始了一連串自己也料想不到的田園開墾計畫，當初很熱血浪漫的將這塊田園取名慵懶草原，從一片荒蕪到現在建立起蔬果豐盛、生態豐美的耕種環境，慵懶草原建立起有別於一般田野農舍的人生風景，我把對家人、對大地的關心放進去。我先讓這片荒蕪建立起不依靠人工外力即可自然生息的生態，引進自然流水，種樹種籬種草，然後才種房子，房子是農忙倉儲的延伸，是遮風躲雨的基地，而非舒適享用。我們開了草原便利商店，讓昆蟲鳥蛙日夜享用不盡；我們開了草原托兒所，讓小孩們觸摸泥巴沒有教養；我們回收破銅爛鐵妝點草原風景；自己做木工、種稻、蓋雞寮、用泥巴蓋大地窯，嘗試用最簡單的生活方法體驗人生，用最簡單的豐盛，讓家人們黏在一起。

而回想自己所擁有的這一片田園風景，我想起從前的自己，想起念幼稚園大班時的自己，撿廢鐵空罐的秤斤賣兩，讓我看見一塊錢的大小，拿在手上，剛好可以遮住一顆太陽；想起小學六年級傻頭傻腦的自己，想獨自騎單車旅行，以為這樣就可以轉大人了；想起高中一年級帶種的自己，試圖挑戰高山群峰，站在山巔大聲吶喊著熱血青春；想起大學一年級浪漫又不成熟的自己，想去雲霧飄渺的梨山打赤膊扛肥料、想從南方澳上船在大海漂流中寫一封思念家鄉的信。

雖然後來沒有親身上梨山農場打工、沒能在南方澳出海捕魚，但當時的熱情至今還在心中澎湃。小六的鳳林單車旅行失敗了，現在想用老骨頭，拚了命騎完那趟未竟的旅程，那股傻勁，也還在體內延續著。而那一雙親吻過玉山主峰的鞋子，更讓我想起老爸，當時老爸知道我要爬玉山，幫我買了第一雙登山鞋，幫我買了花蓮到嘉義的來回車票，讓我完成了人生第一座百岳，開啟了我的百岳之旅。後來，為了圓我大一暑期上山打工的夢，老爸還幫我打了一通電話，打探梨山農場資訊。而小六的鳳林單車之旅，也讓我想起老爸幫我買第一部變速腳踏車時，偷偷告訴我，他從玉里騎腳踏車到花蓮市上學的故事。

不管有沒有實現，想法，很重要，家人，更重要，因為家人幫我強壯了這些想法。慵懶草原，從實現許多未完成的夢想開始，朝延伸家人幸福的路邁進。現在的我，心中有更多的感謝。

PART3 整草原

PART4 種房子

PART5 釀生活

夏至開始：在太陽底下、在綿綿細雨中，看見勞動的自己

序曲：夢田園

夏至中午，騎著腳踏車，沿著田間小路來到鯉魚山腳下，烈日當頭，揮汗如雨，我找到了一處樹蔭休息，四處張望，好像所有的人都躲到地底下休眠了。

不遠處的玉米田，卻有斗笠在活動著，我好奇的驅前觀察，喔！是位年輕的農夫正在鋪防雜草的黑布，他看見我，向我打招呼，一邊揮汗一邊微笑，只是笑容、汗水、泥土全皺在一起。他說工寮太熱，又沒有蚊帳，睡不著只好利用時間趕快鋪黑布，這樣，太陽下山前，就可以播種澆水了。

我也戴起斗笠一起幫忙，農夫鋪布，我剷土覆蓋，每一滴從臉頰落土的汗珠，瞬間蒸散，我跟著農夫一步一步的前進。他說，太陽底下，就像是身處困境、就像是顛簸又崎嶇的山路，他會不定時的刻意讓自己放置在太陽底下、在綿綿細雨中，人需要習慣這樣的困境，才能提醒自己，才能看見自己。

我也認同他的說法，人，不能讓自己習慣於優渥的環境、安逸的心態；換個說法，人，需要練習讓自己處於挑戰、困難、不熟悉的環境。

回程，思索年輕農夫的話，大汗淋漓之後，微風吹來，遠望木瓜溪上游的奇萊山頭，啊！神清氣爽，大步加油前進。那一位睡不著午覺的年輕農夫，就是我。騎腳踏車的無聊男子，也是我。兩個男人，在夏至中午的對話。

各位！如果也願意在夏至的太陽底下種玉米，請問還有什麼事能難倒人呢！還有什麼夢無法實現！

一塊田做什麼？

我想「炫耀」的不是大家來羨慕，我們有錢買塊地、有美滿的幸福，而是這是一個不錯的生活態度，它沒有想像中的難，只是需要做準備或選擇，這不是有錢人才可以做的，因為我的薪水收入可能還沒有你領的多，只要想過這樣的生活，放在心中努力，自然就可以擁有。

三月驚蟄天，連綿細雨，我坐在平台上。腦海裡不斷翻湧出這些年來的開墾印象，在這一塊田地上，挖溝、種樹、除草、孕苗，忙著心中的理想。這一塊田，是我用人生第一桶金，在鯉魚山腳下買來的，我站在這一片山腳下，像第一次站上甲子園，手裡握著圓鍬，握著滿把的希望，想要用盡全身的氣力奮力一擊，開始了這一連串的壯志豪情，開始了我跟土地、跟記憶、跟夢想之間的連結。

童年的冒險夢

小學六年級的暑假，我在腳踏車後座綁了一個大水壺，其他什麼也沒帶，一個人偷偷開始一趟單車旅行，預計從花蓮市騎到鳳

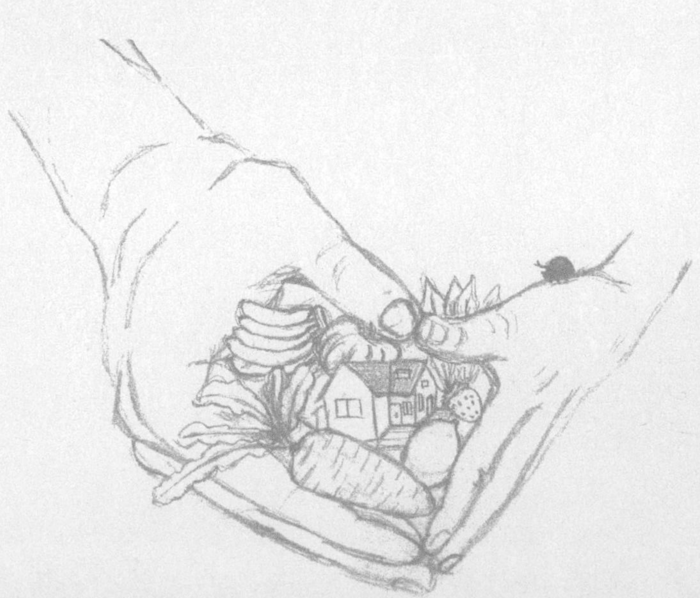

小牛

林公園，希望回來以後就可以轉大人了。經過了幾條馬路與紅綠燈，在市區看見一位交通警察，我卻哭紅了眼，問警察鳳林還有多遠，結果還是回頭了。

高中一年級的暑假，同學都熱衷於暑期救國團活動，溪阿縱走隊、小琉球野戰營、中橫健行隊，還有各式各樣的活動營，我選擇了一個完全不熟的營隊「玉山攀登隊」，會選擇攀登玉山，只是因為沒有人參加，而且感覺同學會起立鼓掌的驕傲，心裡想著，你看看，你們這些還沒長大的小朋友！我就這樣莫名其妙爬上了玉山主峰，見到了于右任銅像，那一次的登山經驗，也啟發了我對山林的興趣。

大學一年級的暑假，大家都回到故鄉打工或休息，花蓮也到處都可以打工，我向長輩們打聽到上梨山農場打工的機會，當我下定決心與準備妥當之後，卻因為中橫公路中斷而作罷。那個暑假，我還做了一件事，打電話給南方澳的漁船公司，詢問有沒有缺臨時船員，結果一直沒有收到回覆。如果那一年暑假，我可以上梨山或出海，現在的我，肩膀應該會更茁壯。也許因為還沒圓滿那個屬於男子漢的夢想，因為過去那一個個實現或沒有實現的夢想，我始終有夢，一塊田的夢。

父親的一塊田

三十年前，父親指著七腳川溪旁的一片稻田說，以前那一片都是我們家的，我看他手指一直畫到沒有盡頭的天空，心想，以後一定要買回來。二十年前，父親為了孩子的學業，用最後一塊田換來花蓮市區的一棟房子。十年前，我退伍了，當我有能力找

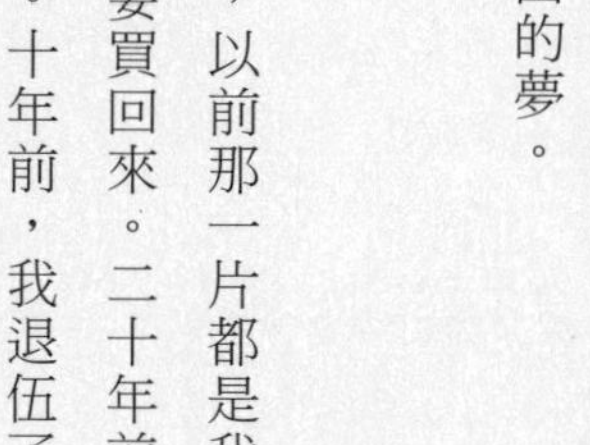

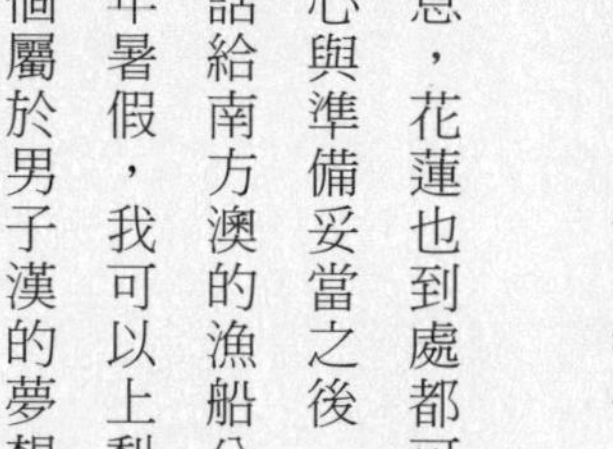

回一塊田的時候，父親不在了，我始終都放在心上，因為還有母親，還有家人，大家始終沒有忘記父親的一塊田。七年前，我們終於找到了一塊田，慵懶草原是這樣開始的。

在開墾的前一、二年，因為有夢想尚未實現的熱情，讓我停不下腳步，為了實踐自己的理想，為了證明我的價值判斷，我想辭掉上班領薪水的工作，專心當個全職農夫，尤其在入睡前的輾轉難眠，我總是盤算著薪水生活與田園自由之間的模擬評估。當個全職農夫，我就可以享用採菊東籬下、載月荷鋤歸的人生，只要我省吃儉用、勤儉持家，這樣應該可以養家餬口！所以，工作中，我的腦袋常常浮現這個驚嘆號，不時陷入一種倦怠與不耐，總是遙想那個美夢實現的一天。

有一年過年連假九天，讓我能不間斷享用全職農夫的時光，即使是除夕大過年，都泡在鯉魚山腳下的自由空氣中。第一天，電力飽滿的盡情揮汗，接下來的熱情與工作內容卻逐日遞減，到了第五天，我已經開始想念上班的日子，那個有點壓力、有點社交、有點紛擾的上班生活。這證明了一件事，我們心中描繪的理想人生，不一定適合自己，當夢想來臨時，感到失望的會比較多。人生，需要的是平衡而已，壓力之後的大口呼吸，更顯得有意義；光鮮白領之後的揮汗勞動，更顯得身心健康；為民服務之後的自我實現，更顯得生命有價值。

假日農夫的陽光

全職農夫，擁有可支配的時間，但為了營生可能會陷入「賺錢」的另一種煩惱。假日農夫，擁有的是可支配的薪水，在沒有經濟壓力的情況下，卻可以學著去賺時間、賺心情，上班時間認真負責，有交際有承擔；放假時間揮汗勞動，體驗更寬闊的人生。假日農夫，享受的是一種平衡的生活，那一年的連假九天，我找到了曾讓我輾轉難眠也找不到的答案了！

人生的享用，該如何衡量拿捏，才能愜意自如，在假日農夫的實現過程中，我有這樣的發現，想要大聲告訴你，我曬到的那一點陽光。

我眼前的這一塊田，很珍貴，它串連起我的人生。它連接著我小時候未完成的浪漫天真，森林裡的糖果屋、吃不完的番薯窯、哈克在樹上的祕密基地、釣泥鰍的夏天；它連接著我小時候承諾當個男子漢的諾言，不顧鮮血直流或大汗淋漓，拿起鐮刀勇敢的對抗、戴起斗笠挺立在日正當中；它也延續著我交給孩子們的大自然寶藏，我帶領孩子沿著親手繪製的藏寶地圖，挖掘每一個春夏秋冬的驚喜；它也延續著我種滿百花蔬果的豐盛，讓白髮蒼蒼的長輩們像孩童般嬉鬧。我殷切盼望著未來，在這一塊田地上，生產有意義又紮實的人生。

雞寮屋頂蓋好，便迫不及待帶兒子重現我的童年夢想。孩子們攀爬的苦楝樹，未來，這裡將蓋樹屋，又是一處新的夢想地。

傳說中的慵懶草原

進入慵懶草原的開墾，是在接觸了山林以後的延伸，我從森林的小徑來到這裡，思慮著年輕的黃金歲月是否該浪費在農耕開墾中？如果用消極的、逃避世事的心態耕種，陽光會消失，不僅農作物沒有生命、花園沒有光彩、嘴角更不會有笑容……

慵懶草原，第一眼看到它，就浪漫的為它取了這個名字。

草原在哪裡？並非我們這一塊一千二百坪的農地上有大片草原，而是我們所擁有的視野景觀，那一幅鯉魚山腳下的廣大草原風景，低矮和緩的鯉魚山包圍著它，就在我們這塊農地的正前方。這一片草原屬於台糖公司所有，他們將土地租借給草坪業者經營買賣，現在這一片八十公頃的草原已經轉型成有機農業專區，承租給有機產銷班耕種，換來了一片豐盛滿滿的田園拼布。

慵懶呢？當時希望可以在農暇之餘，擺一張導演椅坐在鯉魚山腳下的大草原上，用慵懶的骨頭讀一本小說、用萎靡不振的靈魂解一杯咖啡的癮頭。可是我該鄭重的告誡你，從來都沒有過！never! never! 從來都沒有機會讓我有一刻的閒暇，坐上那一張導演椅。換來的是停不下腳步的筋骨勞動；換來的是不斷從斗笠裡頭湧出的藍圖理想；

還有，不知從哪裡冒出來的責任心與意志力。我該鄭重的告誡你，一切就好像穿上了蜘蛛裝，不停的爬來爬去，飛來飛去，然後力氣變很大，想要維護世界和平。

慵懶草原，我回過頭來想著慵懶草原，想它對我的意義，剛開始或許只是很簡單的想讓家人實現養雞種菜的健康田園生活。找到了一塊良田以後，隨著圓鍬著土、小苗生根、踏在土壤上的腳印越來越多，慵懶草原與我們之間，就很奇妙的連結生根，沒想到，它影響了我的人生質感、甚至影響了我看待人生的眼光。站在慵懶草原上，我們展示的不是只有豐盛的農作物和漂亮的農舍而已，而是展現這些年來，一個年輕人跟一群親友，所共同耕耘出來的一種人生風景。

慵懶草原，代表著一種自主奮鬥的憨勁，代表著心中的夢想是可以趁年輕早早實現。慵懶草原，有年輕陽光的正面態度、有汗流浹背的勞動體驗、有浪漫不成熟的各種嘗試、有慈悲護生的心境轉變。想著自然一點、傳統一點，有些反抗科技、反對時尚，卻創造了一個前進的生活觀念。

慵懶草原，很想大聲的說，一塊田只是一個人生實踐的工具而已，藉著勞動、實踐，轉化出屬於自己的風景，如果只把這一塊田當作是蓋漂亮休閒農舍、貽養天年的場所，那就可惜了，大可趁著風和日麗、趁著筋骨堪用的時光，開墾出屬於自己的風景，享用從泥土裡長出來的人生，那時候，也不覺得在高樓大廈之間飛來飛去有什麼了不起了。

想像一千二百坪，架構它的蜿蜒多樣

Part1 畫藍圖

歷經六個月的找地，面對自己剛擁有的一方土地，手指還在興奮的顫抖著，心頭卻是小心翼翼的謹慎與猶豫不前，來來回回的打量著這塊一千二百坪土地的存在意義。我答應原地主不剷平香蕉園，讓它留到中秋節前後收成，這個答應，順了人情，也應了我畫藍圖的第一步。

趁著香蕉園還留著，地上有農作物先申請農業用電，一旦有電之後，我才能自行利用電動工具蓋工寮安身，然後再佈署進攻下一步。順利請電之後，卻遇上了強烈颱風龍王，蕉園全倒平，破滅了原地主盤算的豐收，這是我第一次感受與大自然正面對應的震撼，也讓我第一次全覽透視慵懶草原的面貌。

在耶誕節這一天，我啟動了開墾的腳步，僱請大型犁田機將災後的香蕉園剷平，請挖土機開挖出蜿蜒的生態溝池，整個慵懶草原的平面架構有了初步的形貌。

畫藍圖 94.1～94.12

土地成交後二個星期間，我參閱所有可能面對的法條規章，包括水、電、道路、農舍、農業性生產設施、水土保持等相關法規，詢問確認相關機關的回應後，大致畫出慵懶草原的初步藍圖和接下來一整年的工作。四個月後的一場颱風，吹倒種在其上的香蕉，一千二百坪的土地完全露出，那一張藍圖更加清晰。

94年 1月

找地

開始跟著仲介到處找到地，6個月後才來到鯉魚山腳下。

94年 6月

簽約

簽約買下還種滿香蕉的慵懶草原，一夕之間成為大地主。

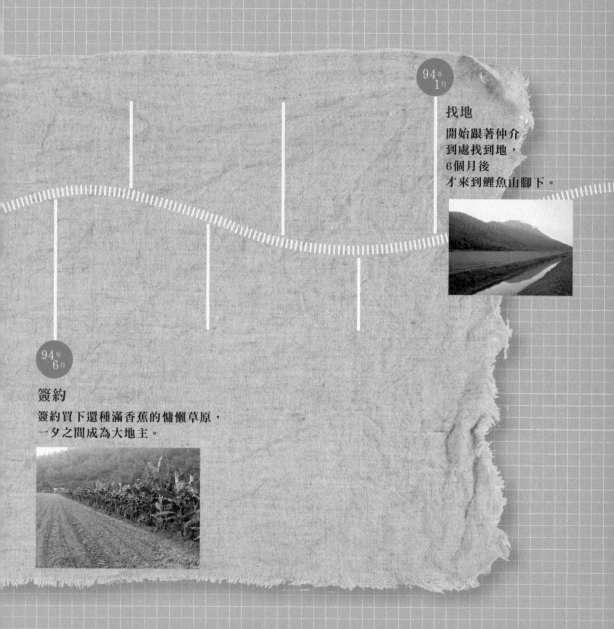

階段開拓圖

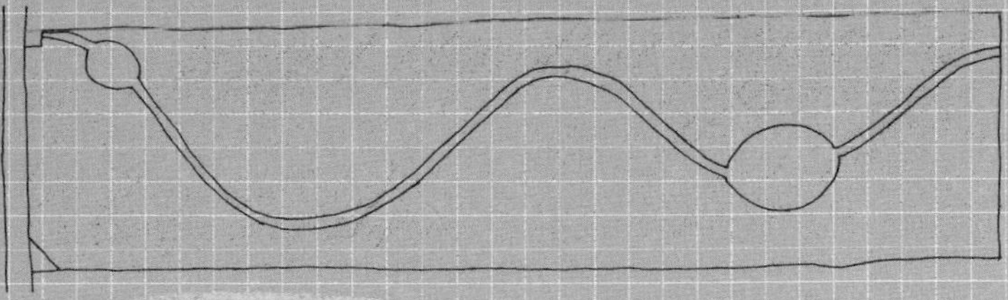

94年8月

申請用電

趁著
原地主的香蕉園還在，
請水電行協助
申請農業用電與會勘。

94年10月

颱風侵襲

強烈颱風龍王侵襲，
原地主種的香蕉園
全倒平。

94年11月

立電線桿

颱風吹倒的香蕉又長了出來，
農業用電的申請才完成，矗立電線桿。

94年12月

架構成型

耶誕節犁田後挖溝整地，
整個平面架構成型。

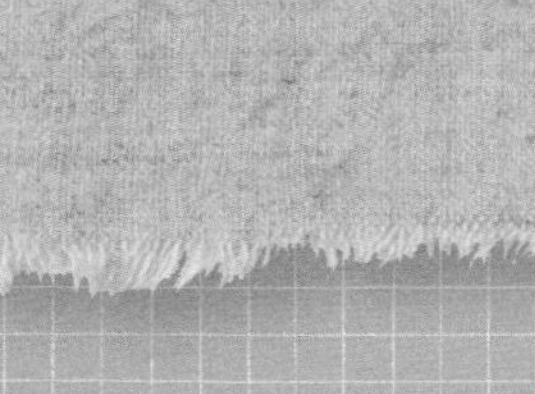

找一塊你的田

找尋土地是很累人很傷神的一件事，因為不能隨便，所以很費心；因為渴求，心頭會著急，會疲憊。直到遇見了這一塊田，沒錯，就是那種一眼就對上的感覺，因為找地六個月的時間，已經累積了觀察農地的敏銳與知識。沒錯，從這一天起，心裡就容不下第二塊。

民國九十四年初，我開始跟著花蓮各大仲介找地，找了六個月，看過的每一塊地都有某些的不滿意，實在有些心力交瘁，後來，只鎖定在鯉魚山腳下探尋。在找到這塊地的三天前，我和家人繞著小路不經意的來到鯉魚山腳下的龍巖土地公廟前，車子熄火，我們誠心的祈願，土地公呀，我們實在很喜歡這裡！三天後，感冒候診時，看見報紙小小的角落刊登一則廣告，「鯉魚山腳下地形方正」，隔天，我就站在這塊田地上，慵懶草原，我們第一次見面。

第一眼看去，土地位在鯉魚山腳下，但離山腳還有一段沒有壓迫的距離，這樣看山比較舒服，很高興這座山沒有電塔、沒有任何凌亂建築。長方矩形種滿了香蕉樹，對面卻有一整片的草坪和無法形容的空曠視野，應該有一百座足球場大，我既驚訝又心動。香蕉樹已然成林，沒辦法一眼望穿全貌，只好盡可能的想像各種優缺點。我發現山腳下有灌溉溝渠流過，是從荖溪來的水源，清澈透明，從鄰近土地的水流方向，我

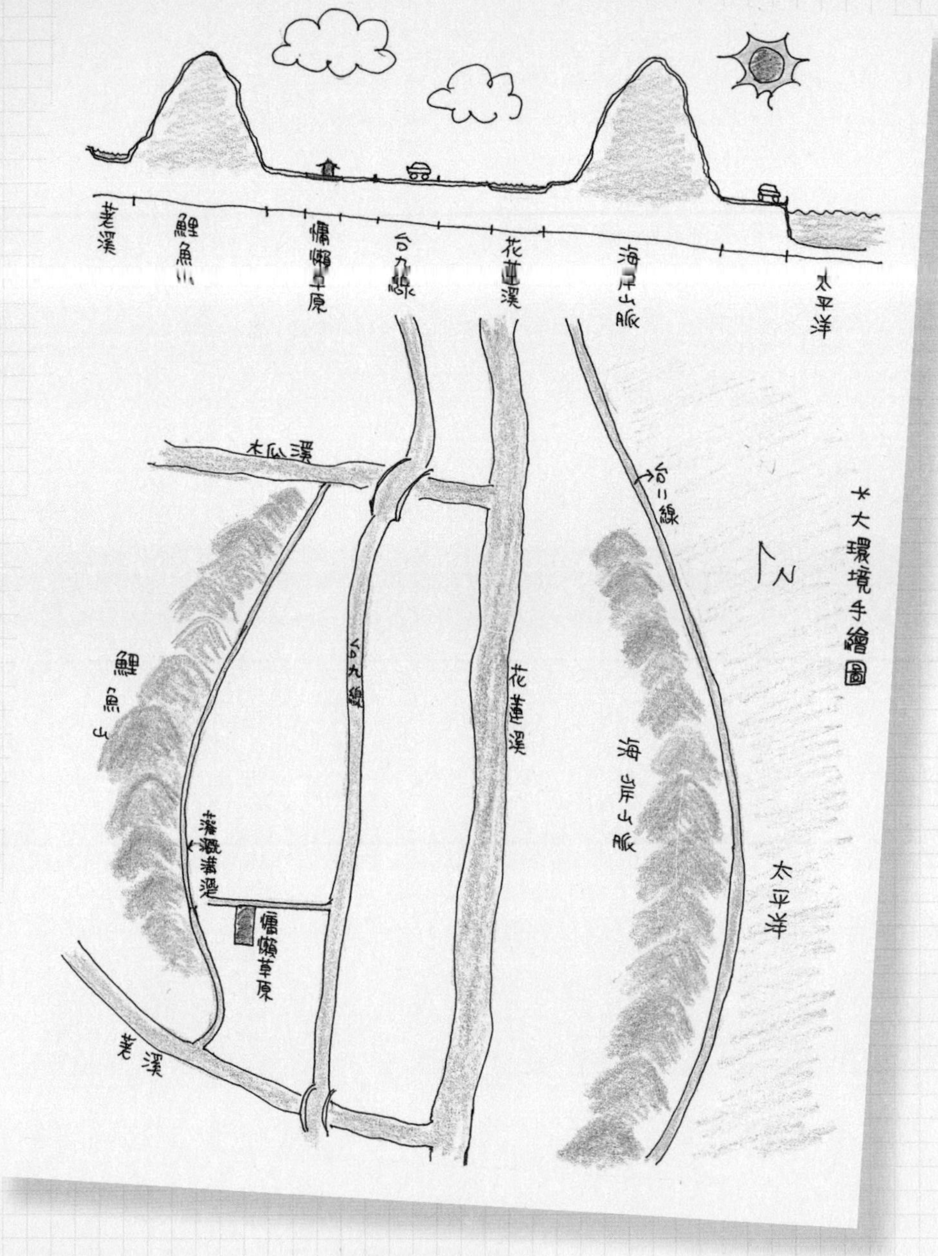
荖溪
鯉魚山
慵懶草原
台九線
花蓮溪
海岸山脈
太平洋
木瓜溪
台11線
*大環境手繪圖
N
鯉魚山
台九線
花蓮溪
海岸山脈
太平洋
慵懶草原
荖溪

慵懶草原在哪裡？

研判可以利用之。有聯外的排水土溝、有出入的私設道路、土壤深褐有機找不到一顆石頭，不動心也難。至於沒有自來水、沒有電力設備、前方空曠風大，這些只是技術問題了。

隔天，到地政事務所申請了一份地籍圖和謄本、又到縣政府都市計畫課閱覽了該區的都市計劃圖，我也找了當地的阿巴桑聊聊，把心中的疑問輕描淡寫的交換，或期待發覺什麼需要注意的事情，這樣，心中的答案更確定了。一個星期後，我們就簽約買下了它。

至今，我們還津津樂道當初的眼光，但是，我相信這是機運，不全然是我們的眼光，因為我們花了大約百分之九十九的時間在找答案以外的農地，在發現這一塊一百分的農地之前，我們已經花費了六個月的時間。

我發覺，是地在找人，不是人在找地。雖然是機緣，但是機緣只青睞那一份想創造的心。

地籍圖資網路便民服務系統

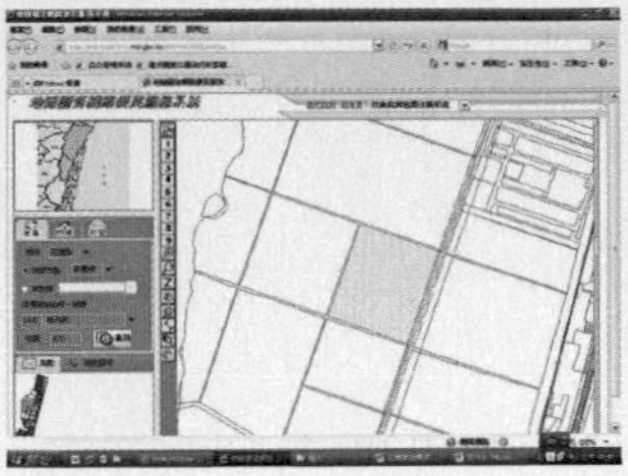

此按鈕可連結
google map
或google earth

找地小技巧

我能找到好的田地關鍵在於：第一，我是在地人，可以更了解整體與在地條件；第二，事先瞭解農地有關土地與建築的基本法規，讓我更容易篩選與判斷。

如果你不是在地人，第一建議要想辦法把自己變成在地人，若喜歡花蓮的土地就要先走動，可以選一個星期待在花蓮全家旅遊，有了基本認識後，記得每天蒐集當地的地方報，因為最新的仲介廣告資訊都在其中，以花蓮來說，就是更生日報與中國時報花蓮版，瞭解在地仲介資訊與價格行情，下一次來花蓮就約這些仲介密集看地。

買了這些在地報紙回家以後，可以做很多功課，譬如上網查詢廣告上的地名，也可以依循刊載的地籍名稱，瞭解當地地形、道路與細部資料，譬如說廣告是這樣寫，壽豐豐田段大小數筆每坪四千八百元，如果不是在地人根本不清楚豐田段是什麼情形，可利用地籍圖資網路便民服務系統http://easymap.land.moi.gov.tw/K02Web/K02Land.jsp與google的結合，把看不懂的地籍變成當地的地形與航照圖，先瞭解後再約仲介，可以節省很多時間。

第二個建議是想辦法看懂兩個基本法規，包括1、農業用地興建農舍辦法（農舍）；2、農業用地作農業設施容許使用審查辦法（農業設施），還必須回溯參考母法與相關法令，清楚自己的方向，就不會被仲介的天花亂醉給模糊了。農地法規在行政院農業委員會的網站有更多詳細的條列（http://talis.coa.gov.tw/ALRIS/）。

看得見的規劃

面對著一張潔白圖紙，最難的就是畫第一筆。面對著一片肥美的田地，我的第一筆就是在這長方形的框框裡大膽的畫出曲線，一條曲線不夠用，就再多幾道弧和圓。土地的規劃或是空間架構，必須在執行任何事情以前就決定了，因為這平面與空間架構確定後就不容易改變，它決定了一塊田地的力量與勁道，而之後所有的動作，只不過是順著這力道，添幾筆畫彩而已。

小學三年級的繪圖課，我借了一把尺，把眼前的馬路真實的在方形圖紙裡畫下兩條平行線。老師發現我的圖紙，筆直又平行，他告訴我，馬路太直，走路會跌倒喔！一句玩笑話，卻深深影響我後來對於美學的觀點，也建立我往後「亂七八糟」的美學思想。

長方矩形的限制與潛力

台灣的農地交易，多數人還是習慣方正對稱的正方形，從風水、從利用的角度，四平八穩的方正最符合常民經濟。占地一千二百坪的慵懶草原是相當狹長的矩形，想像從大門走到後門，一百二十八公尺的長度就得花上五分鐘走得滿頭大汗，確實不符合經濟方便的原則，但是我卻偏好這樣的長方矩形，我想像了長方矩形裡面的蜿蜒多樣，利用視覺屏障，可以創造出柳暗花明的想像空間，長方矩形更適合我的需要。

既然是矩形的框架，那麼裡面的內容就不再適合直線與直角的規劃，它需要大膽蜿蜒的弧形來柔化；它需要豪邁崎嶇的高低來趣味化，想像這邊高低錯落的矮灌喬林、想像那頭夕陽灑落的微風陰影。矩形被S形的河道蜿蜒切割出不對稱的兩邊，這條S形的河道就是慵懶草原滋養生命的主脈，從水流的旅行路徑想像發展出淺灘、池塘、山坡、小徑等等不規則的高低。在這樣的架構下，很自然地，路就不是直的、橋就不是平的、樹更不是正的，原本的一望無際變成崎嶇蜿蜒與視線不通透，充滿神祕的趣味性！

將人擺在一個完整的生態系中

一個魚缸就可以建立一個基本的生態系，那麼一千二百坪的土地更能創造出

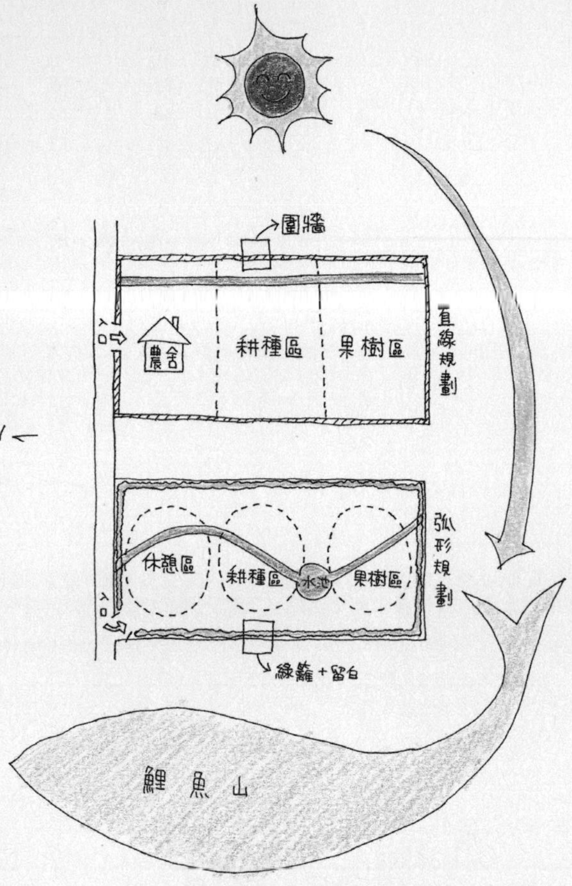

直線與弧形的規劃概念對照圖

方形的農地不再適合直線與直角的規劃，它需要弧形來柔化。而考慮到認真耕作的前提得有令人賞心悅目的花園，因此在果樹與短期耕作區之外，我們規劃了休憩區，同時預留與鄰地的緩衝區（綠籬＋留白），並兼顧周遭大環境的自然條件，再進一步展開更細部的規劃，以便充分享受鯉魚山的動植物資源與荖溪帶來的清涼。

分工完整的生態系統。森林、灌叢、池塘、沼澤、草原、洞穴、孔隙，從這些多樣化的生物環境建立，誘引各種天敵與害蟲間的自我平衡，讓這個健康的生態系統能夠不藉由外力來自癒或是自給自足。確保動植物健康，人類活動在其中，才能感受輕鬆自在。放眼望去，現今台灣一棟一棟的鄉村農舍，有幾棟符合這樣的條件？試問生活在其中的人，是否享受了輕鬆自在？還是「享受」了需要不斷填滿與上妝的浮華？

對於地鼠與烏頭翁來說，牠們根本搞不清楚這是誰家的食物，牠們在意的是哪裡有食物、哪裡比較安全。生態豐美自然就有源源不絕的食物、而遮蔽屏障、灌叢廊道、流水溪沼間是動植物的安全指標。土地與周邊大環境應該可以連結，也就是說適當的連結關係，可以讓土地放大到與周邊大環境共榮，山腳

宛如生態樂園的慵懶草原

從畫下第一道弧線，七年來，沿著S形河道兩旁，1200坪的慵懶草原建造了小木屋、大地窯、拱橋和雞寮等設施，當然更重要的是創造出一個分工完整的生態系統，森林、灌叢、池塘、沼澤、草原、洞穴、孔隙等，起伏其間，充滿神祕的趣味性。

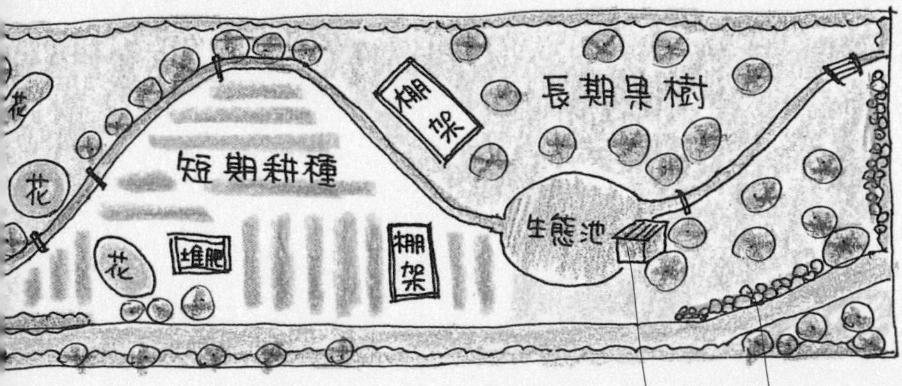

雞寮　石廊

下的慵懶草原就是這樣享受了一座鯉魚山的動植物資源，也享受了乾淨荖溪過境帶來的清涼和生動。為了安全與區界，適度的阻隔是有必要，但是不能因阻隔而切斷了與周邊大環境的關連性。

捨得留白與建立緩衝

對於空間規劃，簡單的比喻，就像書法的黑白之間，黑色代表目的、力量，表達書法者的意念；白色呢？代表無為與減少，反映著書法者意念之外的態度，譬如慵懶、閑散、煩惱等等。空間規劃裡的利用與留白之間，正好可以黑白來比喻，黑色代表土地利用，是利用者積極的目的，是力量也是一切煩惱的來源，黑色越是密布越是操勞煩躁；而留白的空間正好相反，白色是適度的舒緩與削減力量。合適的空間規劃，就是在這黑白之間作適當的調整與修正。認真耕作的前提，應該要有令人賞心悅目的紓壓花園、應該要有和家人享受陽光的開闊草坪，捨得不塞滿的留白，才可以支持長長久久的認真。

我這樣切分黑白之間，三分之一土地留白作景觀休憩、三分之一土地短期農耕、三分之一土地長期果樹栽培。再從功能細分，縮小區界範圍，保留約一公

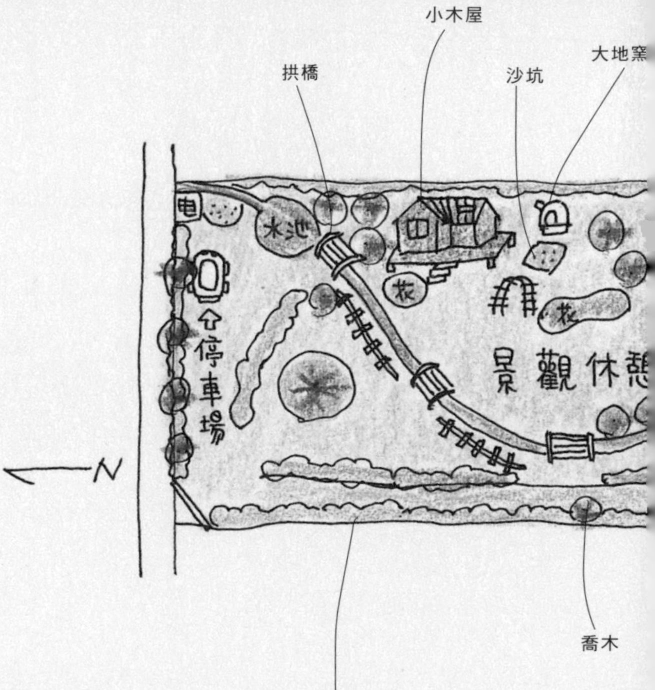

尺與鄰地的緩衝空間。在果樹與菜園附近，我也刻意留設多處雜草灌叢區，作為小型生物棲息或移動的廊道，這些雜草灌叢區同時是雜木暫時堆置區，也是天然堆肥工廠。

擅用方位與四季變化

一個人身處異鄉的時候，會明顯感覺到方向與情感認同的相關性，沒有方向感的時候，會焦慮，投射不出情感。當一個人對環境有動人的回憶與豐沛的感情時，方向性便建立了，知道太陽、山脈、街道的方向；清楚寧靜、便利、娛樂，在離你不遠之處；對於呼嘯而過的車流不以為意、期待白鷺鷥會停留在前方的水塘覓食，當方向清楚時，人才會開始放心的把感情交給這塊土地。

想念中央山脈的蒼翠霧林、想念太平洋的波光粼洵，可以抬頭找尋那個依靠，大吸一口氣。當然，就不會在東邊太陽升起的地方，種上一整排的高聳森林，阻絕了接近陽光的機會；知道要在空曠的北方，為初冬的東北季風作一點準備；知道地形向北邊傾斜，就不會挖鑿一條東西向的河道；知道南邊有一些農藥噴灑、有一些川流不息的吵雜，應該會事先作一點準備。很多人不會善用四季，沒心思感受四季，這些統統可以打包放進規劃口袋裡。

植物是四季變化最明顯的表徵，尤其是落葉性植物，很簡單的認知是春天嫩葉、夏天茂密、秋天果實、冬天落葉，陽光和微風就這樣交互作用在四季輪替之間。在家人活動比較頻繁的地方或是耕種植地，種上一些適合的落葉性植栽。例如：夏天酷暑，茂密的無患子枝葉為你撐了一把陽傘；冬天冷冽，陽光正好透過光溜溜的無患子枝椏傾倒了一壺溫

從空中鳥瞰，一條S形河道，讓慵賴草原擁有了一張與眾不同的名片，
創造出一種充滿自然思考的人生風景。

暖進來。

一張與眾不同的名片

歌唱選秀節目總是歷久不衰，看久了也認同評審最常說的一句話：「唱得很好、很有技巧，但是找不到個人特色和感情。」要出人頭地需要特色和感情，那不要出人頭地呢？還是需要呀！因為那是一種人生的風景，誰會希望自己人生，總是呈現著昨天的戲碼、或是別人的劇本。

這塊土地上有很多很多的選擇，可以書寫自己的流體、創造屬於自己的風景，這就是獨一無二的慵懶草原，有屬於自然的思考與性格所展現的人生風景，會更有信心與樂趣投入在長長久久的經營上，那是一張與眾不同，和大自然打交道的名片呀！

看不見的思考

買一塊農地，不會只想種菜養雞，總會期待擁有夢想中的田園農舍，釋放自己的天才與浪漫，鋪放一些人工設施在土地上。對於興建一棟農舍或農業設施，讓人不得不佩服中華民國的法令，是如何的細如牛毛，從母法而衍生出千變萬化的細則、釋函、命令，著實令人心煩與沮喪。分析這些牛毛之後的實際作法，我把一千二百坪土地，用國家法令來畫上一刀，這個動作讓我可以一開始就盡情的享用開墾樂趣。

「七百五十六坪以上，二年以後才可以興建農舍」，民國八十九年修訂的農業發展條例規定農地零點二五公頃即約七百五十六坪以上才可興建農舍，且必須等購買兩年後。在這之前，必須保持農用狀態。荒煙漫草，不是農用狀態；有未符合法規的設施物出現，不是農用狀態；有未經過地方政府核準的許可證明就擅自挖填，不是農用狀態。興建一棟農舍是要付出代價的，有的付出最少二年時間的等待，有些人則付出拆除或回填的代價。

不受二年限制的土地分割

經濟許可，選擇土地盡量超過七百五十六坪的臨界。適當的運用土地分割，是可以打造出區隔又不連接的建築風貌，又可以不綁手綁腳的規劃施作。我把我的一千二百坪分割成四百坪與八百坪，所有未來可能會影響興建農舍的不確定性，都集中在四百

土地分割圖

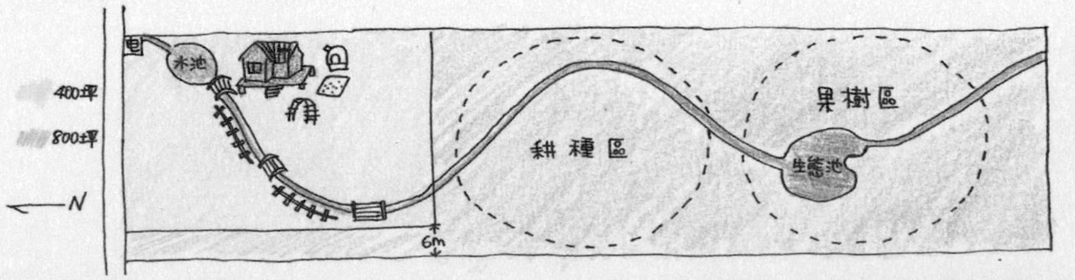

我將1200坪的土地分割成400與800坪，為了往後在800坪的土地上興建農舍，未來可能會影響農舍興建的設施就盡量集中在400坪內，例如簡易工寮、平台、拱門、拱橋、生態池、停車場等，不過，後來，我們並沒有在800坪的農地上蓋所謂的「農舍」，只是拆了簡易工寮，原地蓋了可以安頓農忙時的身心的小木屋。

農舍與農業設施基本概念圖

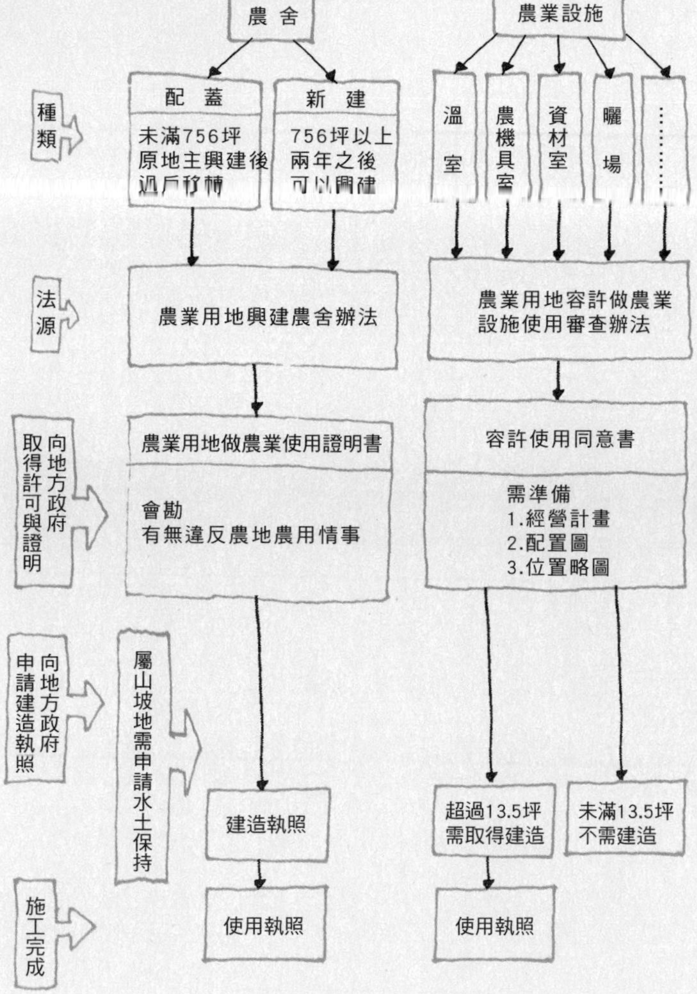

坪內，例如簡易工寮、平台、拱門、拱橋、生態池、停車場，這些設施雖然都可以認定是農業設施，但是需要向地方政府申請「容許使用」，這個程序，試想，會讓人打從心裡愉快的去申請嗎？就這樣，四百坪土地，我決定不受二年時間的限制，盡情的揮灑我的浪漫，八百坪的部分，則盡量保持農用狀態，不施作會衍生興建農舍疑義的不確定性設施，就是預定要蓋農舍的土地。如此一來，一千二百坪土地透過分割，可以打造二棟不緊鄰的建築量體，四百坪部分申請農業設施的資材室（小木屋）、八百坪部分未來申請農舍。

合法農舍以外的選擇

合法農舍是經由農政單位核發「農業用地作農業使用證明書」，水保單位審核通過「水土保持計畫書」，建管單位核發「建照執照、使用執照」，而完備的合法程序，過程冗長、專業。當然，這樣也才會有令人滿意與居住安心的設施品質。但是依法行政的過程中，遇見不能預期的變數時，常常令人卻步，那有沒有較簡便、省錢的方式，可以免申請「農業用地作農業使用證明書」、免申請水土保持、免申請建築執照？有的，就是申請農業設施的設置，農業設施也可以說是小型的農舍。

農業設施是依據「農業用地容許作農業設施使用審查辦法」規定的容許種類與項目，申請許可設置的。只要符合「農地農用」的精神，很多想要的設施是可以在未有農舍前申請；農舍興建後同樣也可以合法增加農業設施。

充滿想像的合法農業設施

未有農舍前，申請的農業設施不會影響未來農舍可建築面積，而且只要

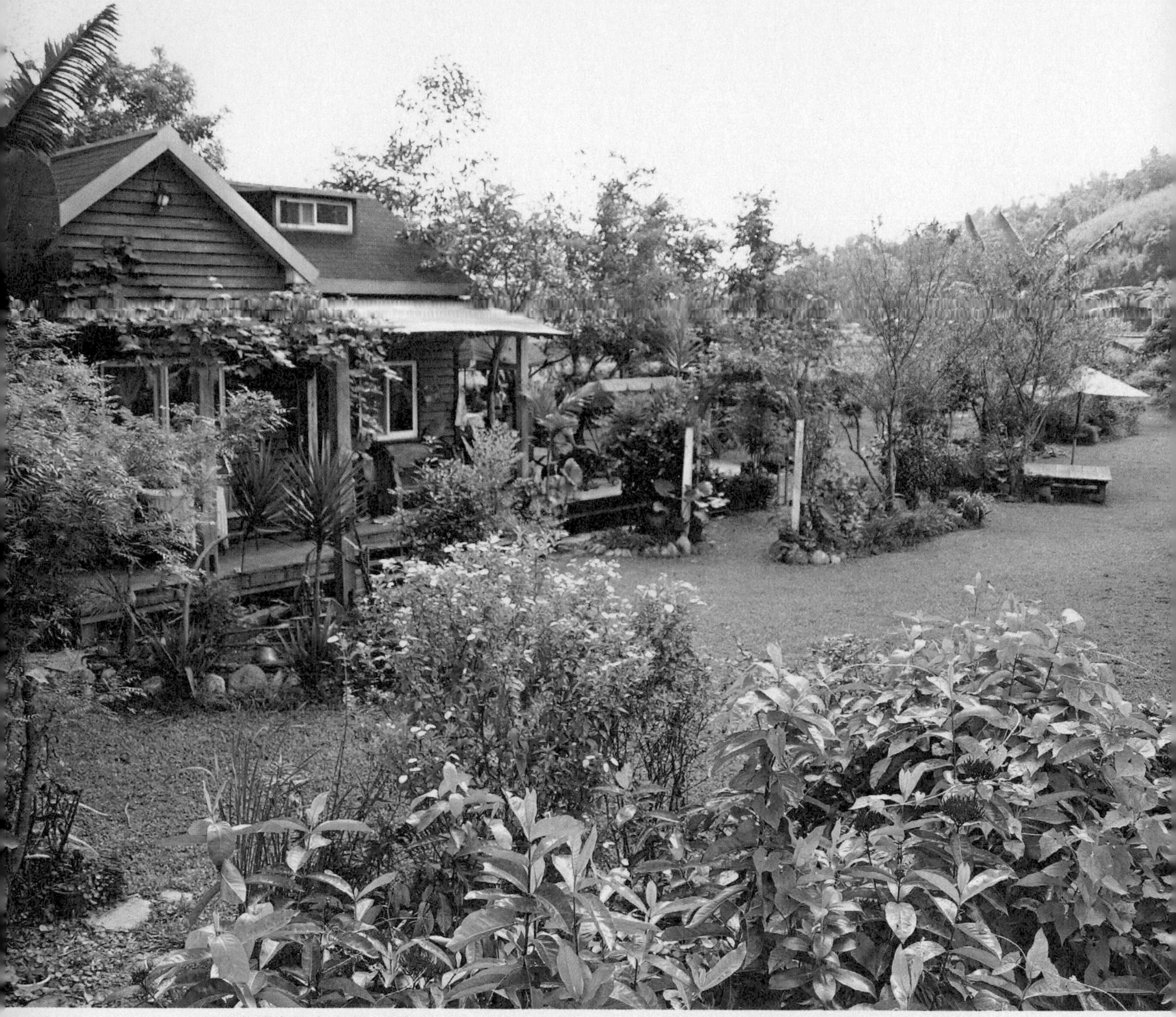

慵懶草原上的小木屋，是拆掉原先的簡易工寮後蓋出來的，面積不大仍然只屬於農業設施而非農舍。

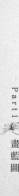

固定性基礎不超過十三點五坪，不需要申請建築執照。例如比較常見的溫室、農機具室、資材室、蓄水池、曬場、圍牆等。說白了，溫室可做玻璃屋餐廳、農機具室即為木工工作室，資材室又是十三點五坪小木屋含浴廁，而蓄水池就是生態池、景觀湖，曬場是露天泡茶的平台，圍牆就是圍牆；更通俗一點的說，根本不需要申請建照，我就可以在買地後的隔天，開始打造我的田園夢想，包括十三點五坪大的小木屋含浴廁，旁邊有我們用餐看星星的玻璃屋，小木屋後方是男人專屬的木工工作室，小木屋前方有小湖，啊！不巧的是，我現正在湖上的木平台上享用花茶。

其實，只要符合「農地農用」的精神，在不要特別求舒適與大空間的前提下，可以巧妙的運用這個辦法來享受簡單的田園生活的，而且只要經過申請許可，這些農業設施一點也不影響未來蓋農舍的權利。必須注意的是，運用這個辦法不能走火入魔，畢竟審查的標準掌握在地方政府上，任何的農業設施都應回歸「農地農用」的基礎上，這樣擁有的農業設施才會感到滿足與快樂。

興建農舍後，申請的農業設施還可以比農舍大上三倍以上，亦即農舍如果用掉百分之十的土地後，還可以再興建百分之三十土地當作農業設施，如農產品加工室、集貨及包裝場所、冷藏(凍)庫及儲存場所、農機具室、溫室、網室、資材室、曬場等，這些農業設施的想像空間很大，需要的話，可以巧妙運用。

但是，為何要把乾淨的土地都塞滿了農業設施呢？買了農地以後，如果只想著自己的需要，只會越忙碌越搞不清楚悠閒的目的。

掌握了「七百五十六坪以上，二年以後才可以興建農舍」的法令，在農舍興建的前後仍有許多看不見的麻煩要處理，有的遠在購地前就得費心，有的是蓋了之後所要承擔的社會責任。

◎法令與設施

沒有辦法立即蓋農舍，先蓋農業設施，但各種不同的農業設施也有法令規範，不能隨便就蓋了。

1如果將管理室或資材室想像成小木屋般的小型農舍，那它可以有衛浴設施嗎？

法令沒有明定。九十二年十一月十六日農企字第0930154232號函釋這樣回答，「本類農業用地申請作廁所、衛浴等設備使用，考量農業使用之涵義及農業生產環境之完整，並參照『農業用地容許作農業設施使用審查辦法』第八條第一款及第六款等規定意旨，不宜單獨申請設置。惟如於農業產銷設施內設置，宜就其必要性本於職權核處。」

法規命令，留有許多彈性與想像空間，這些空間是我們可以巧妙運用處，卻也隱含著不確定，因為執法人的不同，解釋「其必要性本於職權核處」也不同。所以，別人可以，不一定代表你的也可以。這不是官僚文化，也不是坊間所謂塞紅包可以解決的，這是執法人對於「農地農用」的解釋與觀點不同，「其必要性」的解釋不同，本於職權核處的結果也有異。

2蓋農舍需有「農業用地作農業使用證明書」，那麼農業設施的興建也要經過申請嗎？

如果未來想要在土地上興建農舍，一定要注意所有的農業設施或理想浪漫得取得「容許使用同意書」，因為興建農舍前的第一步就是必須取得「農業用地作農業使用證明書」。興建農舍前已有農業設施，必須提出「容許使用同意書」或建築執造，才能核發「農業用地作農業使用證明書」，否則，就必須拆除或想辦法掩飾。整個興建農舍的過程，很多過來人這樣形容「專業技術不是問題、行政流程才是麻煩」。如果跟我一樣手癢，實在等不及二年後又不想有麻煩，就割一割吧！

◎土地與公共設施

要蓋農舍了，才發現許多事先沒有想到的問題，而且都發生在農地以外，這些都是選地時就要注意到的，選地很重要的一點，不要把焦點只放在土地內，而忽略土地與周邊環境的連接關係，包括路權、水路、水權、電力等。

1沒有臨接道路的農地可以買嗎？

選擇土地最好要臨接道路，不是眼睛所看見的小徑或農路就好，而是地籍圖上明確的道路用地，二公尺以上供公共使用的道路，這樣申請農舍才有建築線可劃設，若無臨接道路就需要建築師傷腦筋了。

2農地的周遭沒有排水溝渠可以蓋農舍嗎？

申請農舍一定要設置排水溝渠，但要排放到土地外合法的排水溝就是一個很大的問題，最好有公共排水溝，退而求其次要有水利灌溉溝，民國九十七年以後，政府已經同意農舍的家庭廢水可以搭排水利灌溉溝，不過仍然要向水利會申請，同時繳交搭排的費用，這個費用總是比想像中的多。

最壞的情形是周邊根本沒有聯外的排水溝，廢水要往哪裡排放呢？這又要請建築師傷腦筋了，基本上是可解決的，通常是挖生態池與污水處理槽來解決，只是這樣的土地就像身體一樣，廢污總是排不出體外，氣血不循環。

3 農地要申請何種用電？何時申請最好？萬一周遭沒有電線桿怎麼辦？

電力申請是必須的，農地通常是申請農業灌溉用電，首先需要觀察周邊有沒有電線桿，電線桿距離農地越遠，申請的困難度越高。因為電線桿引至農地，所需要埋設電線桿的位置（通常是二十至二十五公尺一根電線桿），需要該土地所有權人同意，否則，無解。這是我的切身經驗，我就遇上不同意的土地所有權人，如何拜託都沒用，因為他沒必要同意一根電線桿擋在他家門口呀！當你是一個外來人，沒有鄉里情感、沒有人際情分時，那是很容易被拒絕的。還好，我設立的四根電線桿，最後只有一根不同意（開心極了，因為剛開始是四根都不同意呀），這個棘手的麻煩是經過拉長與縮短，變更電線桿位置才解決的。農業用電的申請最好在開墾的初期，不然未來若有不符合農用的設施存在，申請起來就麻煩許多。

4 農地的自來水容易申請嗎？

自來水申請也需要考慮，周邊有沒有自來水管線，同樣的，距離自來水管線越遠，申請的難度也越高，金額更龐大。除了需要路線經過的土地所有權人同意之外，也需要農舍或農業設施的建築使用執照才可以申請。對於農地設施的申請來說，這是高難度的，因為電線桿可以跳著設置，但是自來水管不行，得一路拉線。所以，郊區的農地供水通常是靠鑿地下水井來解決的。

5 農地上的地下水可以任意鑿取嗎？

鑿取地下水需要向地方政府申請地下水權登記，如果不想大費周章的申請登記，鑿井的動作也應該低調一點，因為那是可以檢舉的。雖然水利法第四十二條有規定每分鐘出水量少於一百公升得免申請登記，但是試想要一口每分鐘少於一百公升的井幹嘛！申請登記不難，委託鑿井公司代申請，繳交一些規費換取安心的使用，比較重要。

◎農舍與環境

農舍，不同於一般建地的房舍，除了法規的限制，興建時更需要思考如何與土地做結合，思考它所承擔的社會責任。

1 什麼時候開始蓋農舍？由誰來蓋最好？

蓋農舍之前本來就應該在土地上玩一玩，那不是急躁與手癢的問題，而是房子應該在充分瞭解環境之後才被建構的。沒有在這塊土地上流汗、觸摸、傷神，怎麼能夠正確判斷，蓋出適合的房子呢？應該把設計房屋的權利從建築師那裡搶回來，要依賴建築師的是麻煩的行政流程與專業技術，而隨著光影與周遭環境的變化，沒有人比你更清楚房子應擺哪裡。沒錯，我當初想的房子，確實跟後來長出來的房子不同，因為它經過了夢幻的毀滅與心態的修正。

現在大部分農舍的建構受限於法令，大多顛倒做。要有挑戰不合理限制的勇氣，才有開拓不同視野的機會，不然，你的房子總像是跟別人用同一個模子生產出來。

2要蓋怎樣的農舍？農地可以蓋豪華房舍嗎？

有足夠的經濟能力，當然可以蓋出一棟舒適豪華的大農舍！不過當大家都只想為自己、為家人尋找安居與幸福，認為這是經濟成長該有的回報時，那是很可怕的一件事。

因為農地上的一棟舒適豪宅，一定會為周圍良田與農作物帶來不良影響，更何況群聚農舍社區，是農作食糧毀滅的開始，這就是經濟享樂後所帶來的社會成本。有足夠的經濟能力，在提升物質需求的滿意之時，是否也該提升社會的責任與正義感呀！

蓋舒適的農舍或許不需要被妖魔化。台灣農地開放以後，土地利用活絡暢旺，農舍因而經營特色民宿的案例對台灣觀光旅遊品質有提升，是難得的地方特色，只是農舍不應該超越「農地農用」的界線太多。如群聚農舍群應該有總量管制，民宿農舍應符合地方風土。

想要一棟享受現代化便利的豪華房舍，可以選擇都市地區，選擇建地而不是農地，如果一定要在農地上興建農舍，那就用安居的心善待土地吧！「農地農用」一直告誡著我們，在這樣一棟設備齊全的舒適大房子裡，人的心情舒坦嗎？筋骨快活嗎？還是，所有的舒坦富足應該都發生在窗外呢？

蠻荒的侏羅紀，雜草雜草雜草

Part2 拓荒地

法規命令引我們按部就班、主管機關告誡我們要循規蹈矩，但是從來沒有好心人會提醒我，那個雜草到底長得有多快！喔！救人哪—

這個時候的慵懶草原，如果睜大眼睛看，會看見到處是奇形怪狀的妖獸，天空飛的翼手龍、地上爬的三畸龍，一片水多草長。我們只能固守著最安全的工寮周圍，深怕一跨出那個界線，會被草叢中竄出的暴龍，一口吃掉。

拓荒地總是最辛苦的，如何有效率的在僅有的寶貴假日時間施作，如何經濟實惠的計算安排，就必須綜觀、必須取捨。所有規劃都確認無誤後才行動，這是綜觀；而只做最有效率的一件事，那是取捨。不過豪情壯志般的綜觀與取捨，不一會兒，就被隨性又不羈的雜草給擊潰了，我只能退回工寮周邊，固守著風雨飄搖的城池，其他被雜草攻佔的地方，就交給阿凡達或侏羅紀了。

拓荒地 95.1～95.6

我依序安排一般農地該有的基礎設施，包括簡易工寮、停車場、籬笆、生態溝渠、地下水鑿井、拱橋、種樹苗等工作。雜草的攻佔再猛烈，拓荒的腳步還是要按部就班的走下去。

95年1月

簡易工寮

完成簡易工寮，
一個祕密基地完成了，
但是我的車
被下過雨後的爛泥
給吃掉了。

95年2月

草坪停車場

完成草坪停車場鋪設，
不僅車子不會掉進泥巴中，
人也會想駐足。

95年3月

籬笆

水泥柱豎起來了，
籬笆圈圍完成，
開始種植綠籬。

95年4月

生態溝池

石塊載來了，
堆疊在溝池邊，
生態溝池成型了，
流水進入慵懶草原。

95年5月

鑿井

完成地下水鑿井，
第一批成樹，
樟樹種下了，
第一批草坪也鋪了。

95年6月

拱橋

完成二座拱橋，
一個小橋流水的雛形
終於出現了。

階段開拓圖

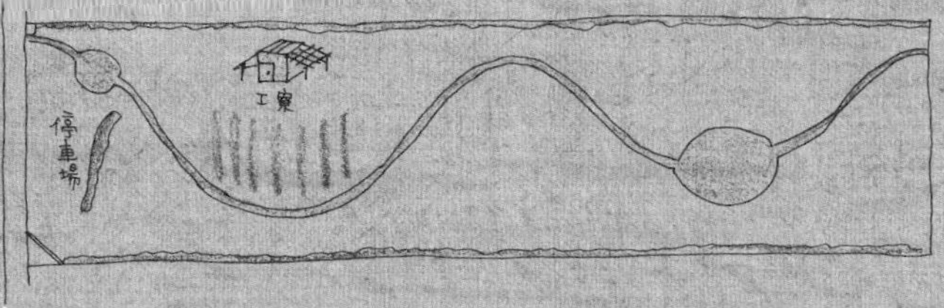

民國95年5月買來第一批成樹——樟樹種下，隔年的夏天遇到颱風樟樹竟倒下。第一批種下的草坪假儉草後來也備受考驗，慢慢換上地毯草。

假日放牛班

從一片荒蕪的開墾初期，大阿姨、二阿姨、三阿姨，每個星期六都會聚在慵懶草原，拔拔草也好、三姑六婆也好，讓這個天地熱鬧青春，在她們固定又簡單的生活中，星期六的來臨變成一種美好的期待。

七年前，我們終於找到了一塊田。二、三十年來，為了求學的孩子，父親不得不陸續變賣家中原有在七腳川旁的大片田地，只是他老人家心中始終懷抱著將地再買回來的心願。十年前，父親走了，但我們一直沒有忘記他的那一塊田。

家族共同的參與

就像當年父親手指畫到天空的那一片稻田，哇！整個鯉魚山好像都是我們的，我們在慵懶草原逐漸凝聚家人共同的興趣與目標。從最早的簡陋工寮，到後來較舒適的小木屋，每個七、八十歲的老骨頭，都期待著星期六來臨。大阿姨的兒孫、二阿姨的兒孫、三阿姨的兒孫，也自動輪流出現在星期六的慵懶草原，陪陪媽媽說話、陪陪奶奶聊天、陪陪慵懶草原玩辦家家酒，慵懶草原越來越生機盎然。親友的參與以及陪伴，是慵懶草原的支持也是讓它更好的動力。

後來，我結婚了，慵懶草原的戰力和目標更形遠大了，那是一個家族和一個家族的

開墾的前一天，親友來助陣。從此，每個週六，阿姨們都會來慵懶草原動動筋骨，拔拔草，種種菜。捧著種了70天才收成的花椰菜，真叫人高興。

牽引連結，因為岳父岳母也喜歡這樣的田園生活，他們的年紀也適合在田園裡怡然自得，太太的家人、親友，在假日紛紛加入，慵懶草原的生機更加盎然，這樣的慵懶草原，已經不再是一個年輕人的自我實現或是對父親的承諾而已，那是家族共同的記憶和參與的驕傲。

田園夢要及時

小時候的寒假，總是來得又快又急，花光了壓歲錢、瘋狂放完沖天炮，這才想到，糟糕，寒假作業還放在書包裡。更糟糕的是，書包根本沒帶回家，還躺在學校的抽屜裡！躺在那個黑暗又濕冷的角落！每個人大概都有過這麼一點呼天喊地趕寒假作業的痛苦經驗。多少年過去，回頭一望，猛然發覺，時間流得又快又急，自己已經站在講台上了；而自己的孩子正在寫著寒假作業；猛然發覺，巷口的親愛老樹一夕夷平，而摯愛的長輩沒有道別就缺席在新春團圓。還好，今再回頭，大家都像翹課的放牛班，在田裡寫作業，在陽光下看人生。

生命，若不是現在，那是何時？人生，若不趁現在，那又要等何時？田園生活的夢想，是甜美的，幸福來臨之前，該做一些準備，如果你還只是一個人，不應該一個人站在田中央，因為開墾需要同伴，家人是最合適的同伴，開墾適合大家一起流汗、辛酸、爭吵。如果你還只是一個人，或許現階段最重要的，就是尋找一個同伴吧！

一塊有生命力的田園，一定有一位農夫勤快的站在田中央，而田的四方呢？不是田埂，是家人，是由家人圍繞而成的生動風景。一個有意義的假日，不是只有娛樂體驗遊玩，是家人，是和家人一起為了共同目標而完成的同甘共苦。

假日的慵懶草原常常就是這幅景象，鬧哄哄的沒有秩序，髒兮兮的沒有教養。

簡易工寮，為家人蓋祕密基地

小時候用樹枝搭過祕密基地嗎？搭一個假裝可以遮風避雨、可以玩家家酒的小天地，小朋友們全部躲在裡面，好有安全感。整地之後，我開始簡易工寮的搭設，希望可以用自己的力量來完成一個這樣的祕密基地，它不同於從外面莫名其妙飛來一個堅固的貨櫃屋，也代表著自己往後將會怎麼對待這塊土地。

親手做，做一個給家人遮風避雨的祕密基地，可以為了這個祕密基地，興起下田玩家家酒的念頭。年輕人一開始都是豪情壯志的狂熱，想一股腦兒的證明自己的能耐和實踐浪漫的理想，慵懶草原的第一件大型美勞作業，簡易工寮，就是這種豪情壯志下的產品，粗獷豪邁又不修邊幅，挺立在荒土上，展現的是一種很直接的憨傻，表達的就是一種不成熟的技術，卻是成熟的鬥志。這個作品，星光大道的評審一定會稱讚「雖然技巧有待加強，但是我看見了感情」。

簡易工寮不用太堅固，就是要破破舊舊會漏水會灌風，大家躲在裡頭雞飛狗跳，那才有趣，不會漏水灌風的工寮，怎麼會好玩呢？木作、能遮風避雨、放置農具器材，至少可以撐二至三年，直到興建農舍，這就是我的基本構想草圖，至於長、寬、高，都是現場想的、現場設定的，這就是年輕人邋遢的浪漫。

民國97年2月，慵懶草原種了稻，收成就堆在簡易工寮的前面。
簡易工寮既是農忙的休憩所，也是孩子玩耍的天地。

General Manager

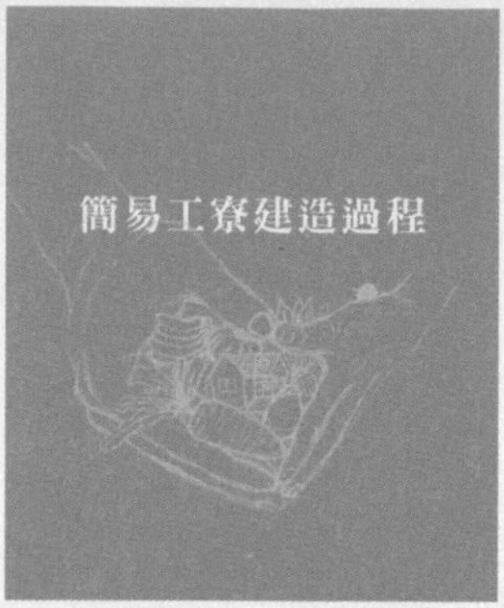

① 準備舊木料與基礎挖洞。

② 立柱與水泥穩固。

③ 準備上梁，依照習俗綁紅布。

④ 上梁組合。

⑤ 各個橫梁組合，按習俗橫梁只能取單數。

⑥ 結構完成。

⑦ 牆板與屋頂釘合。

⑧ 上油漆。

工寮與地基建造圖解

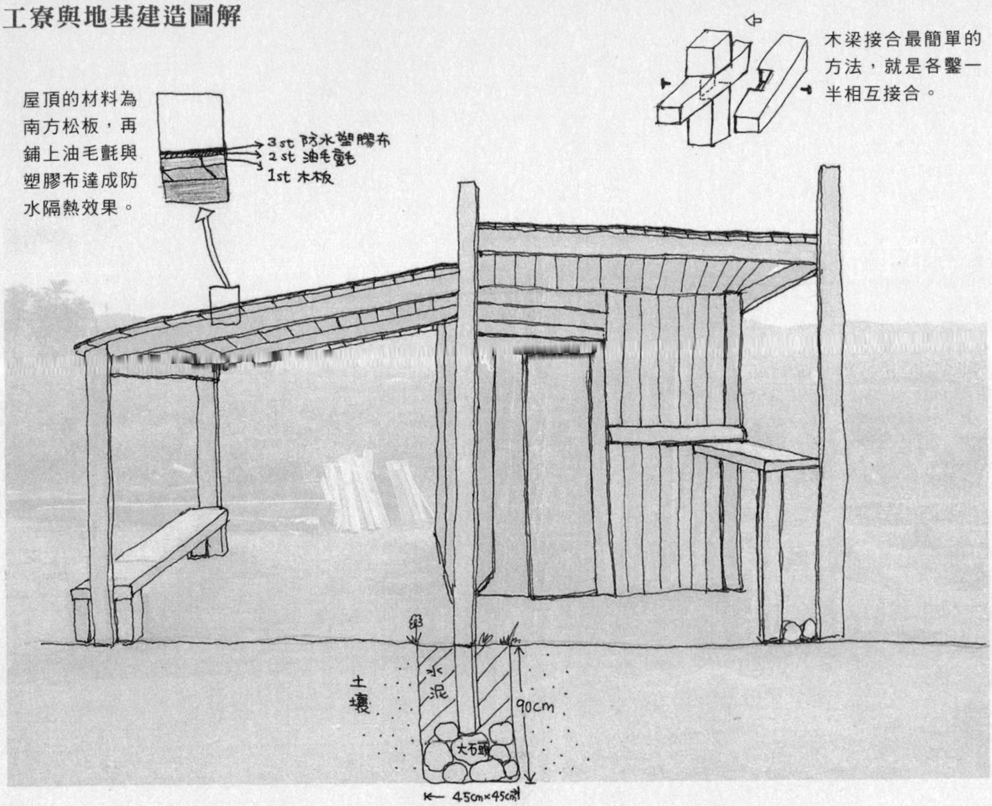

屋頂的材料為南方松板，再鋪上油毛氈與塑膠布達成防水隔熱效果。

木梁接合最簡單的方法，就是各鑿一半相互接合。

水泥是很常用到的材料，簡易工寮的梁柱基礎就是使用水泥穩固，先挖出長45cm×寬45cm×深度90cm的洞口，作為每根梁柱的獨立基礎，當然越深越寬的基礎越穩固，洞口挖好以後將粗壯的木頭立入洞裡，保持垂直固定以後，將調配好的水泥澆灌至洞裡，隔天水泥乾硬後就是穩固的結構立柱了。

水泥怎麼調配？

施工部位	體積比	強度
梁柱基礎	水泥（1）：砂（2）：細石（3）	3500-4000 psi（適用堤防、堡壘等堅固設施）
	水泥（1）：砂（2）：細石（4）	2500-2800 psi（適用一般住宅基礎的配比）
	水泥（1）：砂（3）：細石（5）	2000 psi（適用簡易工寮的配比）
水泥打底	水泥（1）：砂（3）	
水泥粉刷（粗坯）	水泥（1）：砂（2）	適用磚塊、磁磚黏著
黏著（粉光、細阿給）	水泥（1）：砂（3）	

＊體積比調配之後加水攪拌，原則是水攪拌得動，不流湯水即可

既是建築師又是板模工

民國九十四年聖誕節，我利用資源回收場買來的一堆舊木廢料當作工寮的結構支柱，舊與廢不能光憑眼睛看，因為這全是老師傅眼中的頂級檜木，裁鋸過程，觸摸中，充滿氣質的香味飄散在空氣中，讓人很投入的以為自己是專業又有思想的建築師，一會兒又自以為是粗獷又熱情的板模工。

我在現場畫了一個長、寬各五公尺，約九坪大的正方形範圍，接著在範圍邊角挖了六個深洞準備埋設木頭與水泥當作固定基礎，等水泥基礎乾硬後，再從六根基礎延伸其他支柱作梁作桁，基礎支柱是很重要的第一步，水平、橫縱、垂角都要對齊，這樣各個桁梁才能順利的銜架上去。但是，我的基礎支柱全都歪了，那有什麼關係！反正細膩的建築師會想辦法解決板模工的隨性。

支柱桁架完成後，再釘牆板與屋頂，牆板是買來已裁切好的南方松板釘上，屋頂做法也相同，再鋪上油毛氈和防水塑膠布來隔熱防水，上個門窗，就大功告成了。

雖然事後證明這個簡易工寮「冬涼夏暖，遇雨漏水」，但是，畢竟是人生第一次完成這麼大的美勞作業。

細細端詳這工寮，每個角度都是美，美在它的每一個角落都隱含著我們對它的期待，期待這屋簷爬滿肥大的絲瓜，期待座椅上擺滿香蕉和笑容，期待地面長滿了絡繹不絕的腳印，撒一泡尿慶祝這驕傲吧！

簡易工寮的生命歷程

民國94年底開始準備建造簡易工寮的材料，剛開始以帆布搭臨時工寮①，不到一個月就完成了簡易工寮的建造②。95年2月，大家在簡易工寮過了第一個快樂的農曆新年③。96年5月的簡易工寮爬滿了百香果的藤蔓，美麗樸實④。97年10月簡易工寮完成了它在慵懶草原的任務，拆除後⑤，原地長出一棟小木屋。

草坪停車場，客人想駐足的小花園

工寮蓋好以後，我接著施作停車場，那是必要的，更是便利與可及的關鍵。因為土壤再如何壓實，遇雨會鬆軟，會把訪客的車子搞得髒兮兮的，會把自己車子的輪胎吃掉了，我施作了一個便宜、環保又美觀的草坪停車場。

都會區最常見到的停車場都是柏油或水泥鋪面，單調又顯悶熱，也許白色的框格線就是停車場最鮮艷的顏色。在較鄉下、風景區或公務單位的停車場，開始可以見到植草磚或透水磚的鋪設，這是對環境比較友善的方式，卻也只彰顯了停車功能而已，沒有讓人想要多停駐一會兒的動機。如果停車場本身就是一處花園、就是一座森林，那麼它就不再只是停車場而已。

我讚嘆這塊土地的土壤肥沃、鬆軟，找不到一顆石礫，蚯蚓肥大得像鰻魚，真是太不像話了。我撥出約八十坪的土地作為停車場，因為鬆軟沒有石礫的土壤，下雨後

多年的經營，慵懶草原的停車場成了一處讓客人想停留的小花園。

會吃掉沉重的輪胎，所以一個停車場是必要的。搭蓋工寮時，那一段沒有停車場的日子，我曾經在漆黑的夜晚，呼叫拖車來解圍，無辜的是那個接二連三掉進泥巴堆裡，呼天喊地的拖車司機，在這片空曠的農地和草原，得不到回音！

沒有人工配料又省錢

我規劃的是半弧形草坪停車場，它跟一般停車場不同的是，完全沒有添加人工製造物，像是柏油、水泥、透水磚等，僅利用資源回收的土石級配料與自然材料的二分細石，便宜、環保又美觀。草坪停車場與一般的草坪，差別就在擁有一個遇雨穩定而不下陷的基礎層。

首先我劃出半弧形停車場的範圍，預估可以停六、七輛小客車並供迴轉。我從資源回收場載運來四輛卡車的土石級配料，一輛卡車合法可載運七立方公尺的級配料，如果鋪設十公分厚，那就可以鋪二百八十平方公尺。所謂級配料就是各種等級大小的石頭與泥土混合料，請挖土機將級配料壓碾在原先的土壤層之上，再經過日曬雨淋，讓自然力量來填補空隙與平整，級配層就更密實了，這樣才能夠承載車輛的重量而不下陷。級配料經過一段時間的穩定後，就可以選個適合天氣灑草籽，一年四季中冬季的草籽發芽率較低，效果較差。我選擇百慕達草，因為它柔軟細緻、生命強健，根系很容易透過石礫間找尋伸展空間。最後一道步驟就是鋪設淺淺薄薄的一層細砂或細石礫，這樣可以讓部分坑坑洞洞的地方填平，方便平整停車與後續割草管理。這就是一個漂亮又省錢的停車場。

有水珠的草皮

草坪停車場不再只有停車功能，經由弧形的綠籬栽種與周邊樹木植栽，就擁有綠地與景觀功能，有別於直角九十度又發燙的柏油停車場。好友來訪，下車後踩到土地的第一腳，喔！居然是柔軟的草坪耶！多麼希望好友脫掉鞋子，讓腳跟輕輕滑過帶著水珠的草皮，像以前一樣的柑擁而抱，就別管車門關了沒。

停車場建造過程

① 現場一片鬆軟泥土。

② 鋪上級配料壓實。

③ 在級配料上灑草籽後鋪細砂。

④ 鋪砂未長草前。

⑤ 漸漸長出百慕達草。

⑥ 原先的百慕達草坪後來被優勢的地毯草取代了。（地毯草的介紹可見part3〈整草原〉之「種草」單元）

草坪停車場施工剖面圖

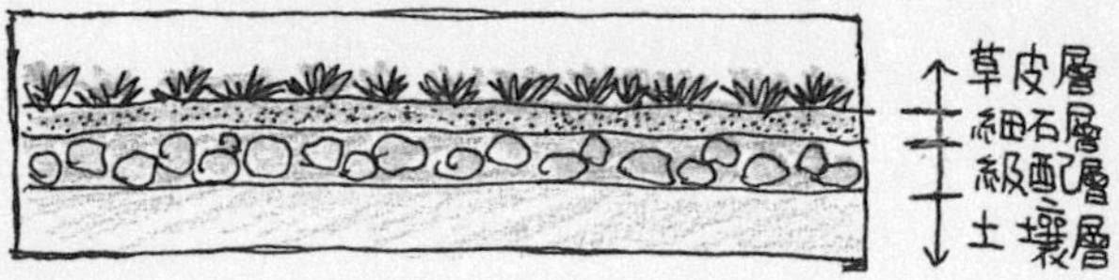

生態溝池，打造草原的生命能量

生態溝池的挖掘，整地時即成形了，我大方的挖了一條綿延二百公尺的生態溝池，希望這塊土地的每一處角落都能自然的吸取柔水的能量，況且那是來自花蓮荖溪的天上水。如預期的，水來了、昆蟲來了，這一條生態溝池製造了慵懶草原的生命能量。

孩提印象裡，土溝小圳總是圍繞著小孩的嬉遊生活，當時的水泥排水溝系統還未建立，稍微下個連綿大雨，某些角落就會形成池塘，有時候還會積水形成二條土溝之間的襲奪串聯。土溝與池塘之間真是孩童的天堂，原本是上學的小徑，積水又退水後很容易就能眼見土虱、泥鰍在跳動衝撞，小孩是很難抵抗那種誘惑的。

創造想跳下去找新鮮的渴望

生態，不只是在意動物的存在，而是一切活蹦亂跳的生命力環繞著一方。它所牽動的不只是發現已經看見的跳動，而是激起了小孩尋找還未發現的渴望。喂！湯姆！那活蹦亂跳的底下一定還有更多好玩的新鮮。我想做的生態溝生態池，很重要的一部分，就是想要還原那種想跳下去尋找新鮮的渴望。

我覺得「生態」的意義就是不強加人工外力，而保有旺盛的生命力，「生態」應該

對於一個孩子來說，有水，就擁有豐富的童年。
而一塊田地，有了水，就擁有了豐富的生命力。

是件令人可以心情放鬆，卻又可以激發旺盛熱情的一件事。創造如此一個「生態」，如果沒有那份輕鬆的心和享受被原野新鮮包覆的渴望，很容易流於虛浮。

生態溝與生態池，它的功能相當廣泛，除了經濟功能的農墾灌溉之外，還具備調節微氣候、滋潤土壤、孕育多樣物種的生物功能，另外，在慵懶草原更具景觀功能，池水輕柔大地、清涼舒爽視野。

水有進有出才叫生態池

生態溝、生態池的打造，其實是很簡單又有趣的物理實驗，最簡單的公式：「進水量＝滲透量＋出水量(不討論微小的蒸發量)」，即進水量與滲透出去和流走的水一直維持一種動態的平衡，而關鍵就在進水量，有源源不絕的自然水源，代表這塊土地適合生態溝池的營造，若沒有，代表將要費心在改良滲透量與出水量，但是，那是生態嗎？

若重點放在尋覓穩定又充足的進水來源上，可以很慷慨的讓水滲透與流出，輕鬆自在的讓流水完成自然的生態循環。滲透的水其實沒有浪費，它會澆灌與滋養周邊土地，慵懶草原因此早晨有露珠、黃昏還有霧氣；出口的水又繼續下一趟旅行。

如果只是關心滲透量的保水技術，離生態的意義還很遠，因為滲透就是水流失進入地表，對於生態循環來說那是一件好事，如果打造生態溝池是用水泥、塑膠布當底層

築溝池的水實驗

進水多少？流速多快？溝要多寬？池子又要多深？這些物理現象深深左右著優良生態溝池的誕生。

控制進水量

進水的水量受到進水管孔徑大小的影響，另一個可控制的影響是水壓，我們常常會忘了這一點，例如，溪溝的進水量太小，而無法增加孔徑大小或數量時，可以想辦法讓進水的水面抬升，讓水壓變大。進水口應以網罩阻絕可能的堵塞物，方便清理。

減少滲透量

如果在缺乏進水量或需藉助外力抽水等狀況下，又希望營造具有生態意義的池塘溝渠，這時候就必須要做滲透的阻隔，盡量做到部分阻隔或越少阻隔越好，例如，以黏土、田土當底襯再夯實即可。黏土可以向砂石場或石材工廠購買；田土就是種稻的土。

高低水平與淹水

地勢高低影響水流速度，可以藉由阻擋創造水流速度與瀑布景觀。整體的地勢水平應以河溝為最低，所有的排水可以逕流入河溝再排出區外，如果有任何的地勢低於河溝，將造成淹水與漫流的情形。犛田整地之初，因為土壤鬆軟未穩定，不容易判斷地勢水平，應等待雨水滲透土壤數日後再檢視地勢水平。

長度、寬度、深度

長度與形狀也決定了水滯留在土地上的時間，如果想要盡量留住水或減緩它的流速，可以多一些蜿蜒與停滯，水流太快也容易沖刷表土造成淤積。

生態溝的寬度取決於土地大小，如何才是適當？太寬會造成人們行動上的阻礙，有時寬、有時窄可以增加土地上景觀的變化。慵懶草原的生態溝在墾植功能比較多的果樹區與耕種區留設比較窄的60公分；在人活動頻繁的景觀區則留設120公分。越是開闊的視野，溝渠的寬度應更寬闊。

深度是影響水溫與水中生物很重要的因素，深度越淺，水溫會越接近空氣的溫度，尤其經過陽光曝曬，水溫升高，藻類容易孳生，能存活的水生魚蝦越少，亦容易受天敵啄食。深度越深，水溫隨深度下降，適合的水生動植物越多。一個優良的生態池深度應該有深有淺，有孩童可以親水的安全淺灘，也有適合較大型魚蝦生存的深潭，從淺灘到深潭，適合的水生物種也會多樣化。

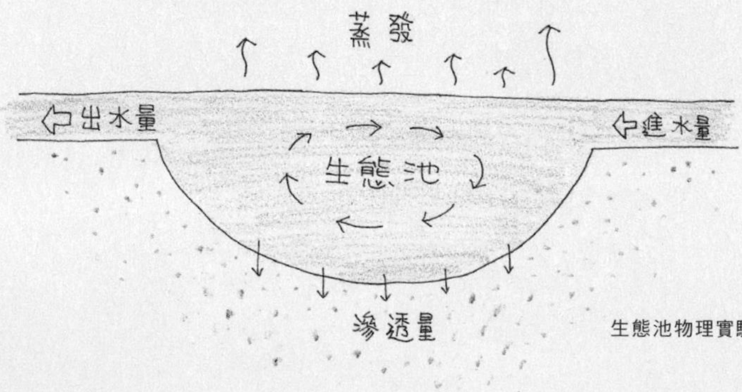

生態池物理實驗的圖解

封住滲透，那就沒有自然的循環、分解、生產等等濕地應有的功能了，那應該只是蓄水池。

模擬自然溪溝，製造多元生態環境

多孔隙的棲地環境，對於生態溝生態池來說是必要的，它是水生動物安全棲息、遊戲社交的場所，再輔助各種沼間帶的營造，例如淺礫石灘、枯枝落葉、陰暗草叢等多變化的棲地環境，每一種不同的棲地環境就會孳生各種適合的水生動植物，那就是生態溝生態池營造的目的，豐富的多樣性。

有了生態溝池，自然會想要營造豐美的水生環境，水池裡各式各樣的蓮花荷葉、水岸邊神祕的柳暗花明。然而健康與永續的環境需要時間營造，需要觀察記錄各種水生動植物的適應性，急躁的想填滿豐富，反而會適得其反，初步應

生態溝池的建造

一般的生態池或庭園造景，大多會鋪水泥或用其他膠合原料砌石，這樣水泥味重的人工水池，只有人會欣賞，青蛙是不會來敲門的。慵懶草原的兩個大小生態池，以及從山邊導水到小水，彎曲綿延總長200公尺的生態溝，用二卡車的石頭，以及一卡車的黏土建造，黏土的滲水量較小，又不會完全與土層隔絕，以它取代水泥，鋪在溝渠的底層，可以提供周邊土壤的水分，也讓水生植物有著根成長的空間。

生態池的挖掘過程

① 用挖土機挖出適當的深度與形狀，買來不透水塑膠布或較黏的土壤鋪底。

② 卡車載來大小不一的石頭。

③ 堆疊石頭，除了製造生物孔隙還兼具水石景觀。

④ 蠻荒時無暇照顧的生態池。

生態溝的挖掘過程

① 先請挖土機挖出雛形。

② 疊石穩固邊坡。

③ 放水測試水平與通暢性，並確認是否會溢流。

先瞭解該生物的特性後再放入其中，並進一步了解各生物間的適應與關係，漸漸的填滿，才有健康與永續的環境。園藝業者引進外來種生物常引來一連串麻煩，這些外來種多半美麗討喜又好萌發，例如錢幣草、粉綠狐尾藻等，常常會因為稍有疏忽就蔓延一整片，而且只要根系留存就永遠除不盡。

以福壽螺為例的蟲害管理

最常出現的水生蟲害就是福壽螺，會猛嗑水池裡頭的莖葉，又會大量繁殖，尤其經濟作物稻米、茭白筍和園藝作物水生觀賞植物最怕受到福壽螺的侵入。福壽螺的小螺苗很難預防，只要是外接溪流溝渠的水源，都可能有它的存在。福壽螺喜好生長在淺水流速慢的水池中，如果沒有天敵存在，就需要控制它的數量，藉著清除紅色蟲卵與體積較大的螺，抑制危害，比較有效的天敵是鴨鵝類以及大型的烏鰡魚。不過，也不需要完全清除，因為福壽螺曾存在，表示即使藉著外力清除後它還會再萌發，除非改變它的生存環境，而且適量存在的福壽螺可以幫淺灘水池清除同樣擾人的藻類，讓水池保持乾淨清澈。

我的經驗，第一年的生態池溝因為不深，經過陽光照射後，水溫升高，容易滋生藻類，常常整條溝池是綠色的；第二年生態池溝已經佔滿了大量的福壽螺，整條溝池是黑色的福壽螺和紅色的蛋；第三、四年生態溝池經過適度的控制，溝池清澈，粗梗與生命力強的荷花、空心菜可以生存；第五年生態溝池，很奇怪的，福壽螺不見了，取代的是台灣本土的田螺和燒酒螺，到底是為什麼，我不清楚真正的原因，但是證明

後來，我們在生態池的中間蓋了雞寮，
從雞寮上方俯瞰，池水清澈可見，小魚悠游，
這是福壽螺與田螺的功勞。

了，只要讓環境健康，溝池本身會運作什麼是適合的，對於危害的存在，我們只要稍微控制數量就好。這也說明了為何健康的生態溝池不應該阻隔滲透、應減少人工設施，因為那會影響大自然的循環運作。

生態溝改良剖面圖

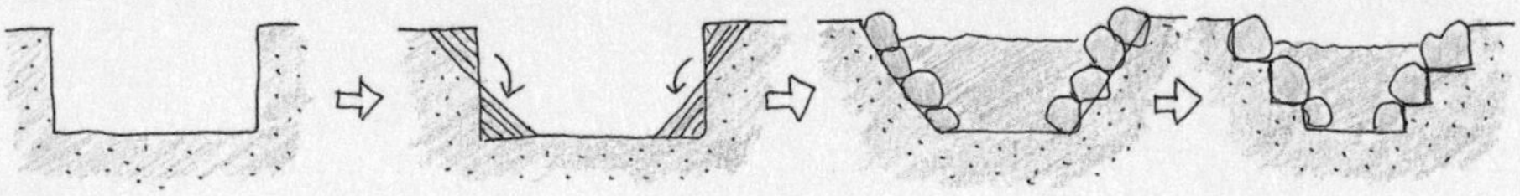

生態溝池的改良

階梯式改良

通常自然形成的溝池都是平滑的山谷形狀，任何流經溝池的物體都會直接滾滑沈降至池底，所以很容易造成淤積；平滑的山谷形狀也有危險性，若人不甚跌進溝池而沒有踩踏的平面，容易造成傷害。階梯型的目的，除了可以同樣達到挖深的要求，還可以兼顧安全與增加平面的空間，階梯型的平面因為重力的關係，可以使泥土易沈降，加以鋪設石塊或磚頭，平面會更形穩固，垂直面也可藉由堆疊石塊或種植水生植物而防止崩落。

分段不透水層鋪設

為了確保生態溝生態池的生物不會因為無預警缺水而死亡，在生態池某些最低窪處或是生態溝某些低窪的區段，可以做一些封底的人工措施，例如水泥打底或鋪設塑膠布等人為處理，以預防缺水的危機，如此，才不至於讓復育多年的生物環境毀於一夕。每年夏季颱風季節，雨水最豐沛的時候，卻也是停水最頻繁的時候，慵懶草原的生態溝也曾經遇上因為灌溉溝渠水濁以及風災工程而停水，導致魚蝦全數死亡的災難。現今的氣候環境很不穩定，甚至，我們應該做些儲存水源的預防設施。

種樹，種生機花園

我的口袋裡雖然有一些想推薦的樹種，強健又美觀，但我更想要推薦的是生機花園。美麗的花園是一種虛幻的追尋，像宮廷花園、像花卉博覽會，那是用金錢與血汗堆砌的驚艷，是費心維護管理的嬌貴。生機花園是一種兼顧大環境的需要、隨心又自在的豐富滿足，適合想要身心安頓的居家閒逸。

大地涵養樹木是依其附著的環境適宜性，安排適合的媒介，配置適合的樹木，讓山林在自然循環運作中長長久久。大地造物的性格是無私無目的，也無為的放任毀滅與重生，這是自然生態裡無法違逆的原則，人們栽種樹木卻常帶著私心，要控制病蟲災難、為經濟利用、為景觀美化。

關注環境而不是病蟲害

樹苗要選擇病蟲害少、會開花、會結果、又可以少管理的樹種，大家都這樣想，結果那些人類眼中病蟲害多、不美觀的樹種漸漸消失，取而代之的是基因改造、碩大果多的強勢樹種，那是現代園藝、農耕科技裡的人為控制下的產物。當你家花園呈現的是亮彩炫爛，沒有枯萎、沒有病蟲時，一個越來越像塑膠花、越來越像機器人瓦力的世界便來到，那是一個沒有生機的世界。

種樹的時候，要關心的不是病蟲害，因為蟲害象徵缺少天敵，天敵就蘊藏在生機花園裡頭，那是一個兼顧大環境的需要、充分瞭解樹木的特性以及沈澱自己性格的生機花園。

生機花園關注的是環境，都市化與公寓化的花園很難達成這個任務，即使打造一座頂樓空中菜園或是陽台小花園，也享受不到一隻瓢蟲的驚喜。生機花園在意花草、昆蟲的生命、在意地底下的蚯蚓微生菌、希望天敵會來，安排低中高層次的灌木喬木，讓花園的生機盎然。如果只在意花園的美麗與否，那麼營養不良長了白色黴菌又不結果的金桔，就會只想把它移除，改種花市買來的聖誕紅；如果在意的是生機，想的則是，金桔只是土裡少了能量讓它營養不良、缺乏克制白色黴菌的天敵、甚至不結果只是四季循環而已，就會想辦法修

黃連木

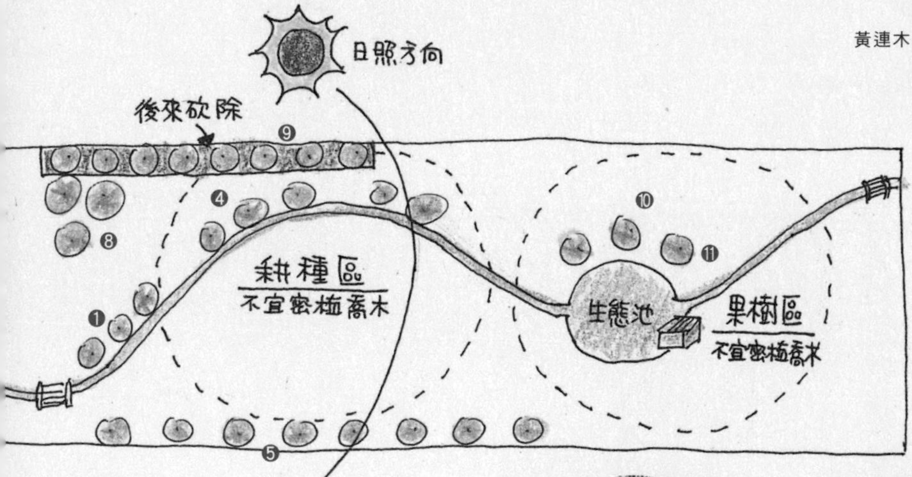

架構性喬木規劃圖

水黃皮

旅人蕉

剪一下凌亂枝葉、加一點有機肥、加一點蚯蚓，沒有瓢蟲蜻蜓就自己動手用水清除白色黴菌，等待夏天秋天再發芽開花，期待下一個新年長滿大吉大利。

美麗的花園雖「美麗」，但背後往往是金錢與煩躁的堆積；生機花園卻可以健康一個家，與這個大地緊緊連扣在一起。

架構性的喬木樹種

剛開始，面對著一大片的荒野，常讓人不知從何開始種？不知該種何種樹苗？減少錯誤的原則就是先在土地空間架構種植需要時間生長的高木樹種，而且是選擇鄰近大環境已存在的樹種，有助於想像未來空間感與樹種適應性。首先觀察區域大環境內，什麼樹種最健康最優美，而且這樣在生態意義上更有連結的關係，因為在一公里外吃苦楝果實

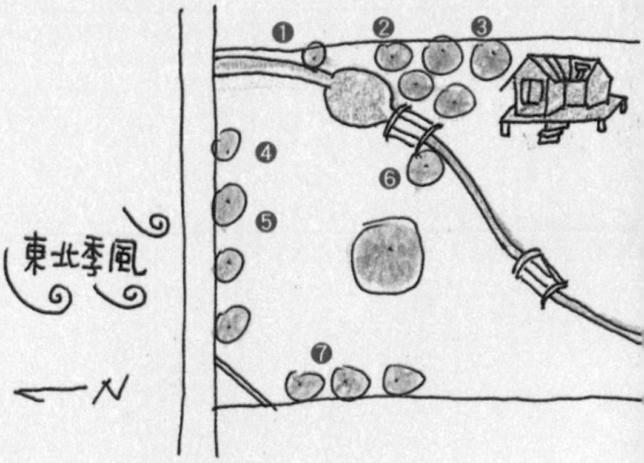

❶旅人蕉
❷黃連木
❸樟木
❹茄苳
❺光臘樹
❻金絲竹
❼龍眼
❽台灣欒樹
❾台灣櫸木
❿無患子
⓫水黃皮

茄苳

的烏頭翁，一定也會來到你的苦楝樹上休息。架構性樹種就是塑造土地空間感的主角，它們會高大粗壯直上雲霄，將我們的視野連同枝葉帶上天際。

架構性的喬木樹種，我安排在區界四周與弧形生態溝池附近，塑造一些主題性的空間，如一整排的光臘樹林道、生態池邊的無患子森林、工寮旁遮蔭的台灣欒樹森林。種喬木需要想像，需要瞭解樹性，瞭解是大喬木還是小喬木、是落葉還是常綠、是原生種還是外來種，是桃金孃科還是焦糖瑪奇朵科。當我們種矮小樹苗時就應該想像五年後會是什麼樣的空間感，大喬木需要最少五公尺×五公尺的樹冠層，如此一來，樹冠層以下是無法作經濟利用的，而且光影變化也會影響周邊的利用，種一棵喬木樹，必須犧牲不少周邊的經濟利用，因此喬木的種植數量不宜太多與太密集。

一棵直上雲霄的喬木，到底需要等待多久的時間？其實，只要選擇適合台灣氣候環境生長的原生樹種，它們的生長情形會令人大吃一驚，以為需要十年才有辦法爬上的高度，有時只花三至五年就辦到了。台灣原生樹種多半是這樣，初期的生長速度相當的快速，通常三至五年即可有一層樓的高度，然後生長速

怎麼鋸大樹

開墾之初，多麼希望小樹快快長高，現在則希望大樹請別長得太高呀！樹齡來到了5、6年，大約都有二層樓以上的高度，樹高會影響日照，甚至影響到鄰地日照權利，必須適時的修剪控制高度。

鋸樹是危險的，尤其那種瞬間不可預期的力量。鋸樹的原理，即控制樹幹傾倒的方向，第一步鋸想要樹倒的方向（如①、②），第二步才是截斷（如③）。通常鋸樹方向會由樹型決定，但要注意風向，譬如向東傾倒的樹幹形狀，鋸後不一定會向東傾倒，因為突然一陣向西的微風經過，樹冠層發生巨大的槓桿力量，樹幹很有可能會向西傾倒，而西邊正好是你站的位置，尤其你又站在樓梯上。最安全的鋸法是先鋸掉上層的樹冠，在無受風阻力的情況下，重覆依正確步驟鋸樹。

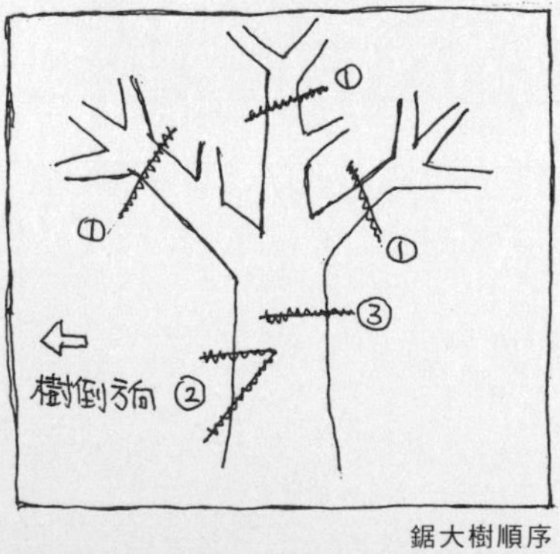

鋸大樹順序

種了近5年的光臘樹，樹形高聳，颱風來臨前得先修剪，不過每年5、6月，獨角仙會出現在光臘樹上吸食樹液，得等牠們交配產卵後，不再出現後，6月底才進行光臘樹的修剪。

度漸漸趨緩，十年和二十年樹齡感覺差不多。開墾與建設初期，很多人會急著花錢購買成樹，急著想要立竿見影，但是效果都不顯著，因為成樹經過斷根移植後，需要復原再生長，這樣也要耗費三至五年時間，這時候原生種樹苗其實已經迎頭趕上了。

初期，我認真的種上許多喬木樹，喔！當初我也有想像會是什麼情形，但是想像的不夠巨大，所以後來總是費心在鋸樹、砍樹與移樹上。開墾建設初期，或許是貪心、或許是心急，總是希望空曠和炎熱的土地上可以長出些陰影或綠意，會想多種一些，種密一些，沒想到這樣子，卻成了往後「巨大」的麻煩。種架構性的喬木樹種，一定要先有巨大的想像。

迷失的蜜源與食草性植栽

關於蜜源與食草性植栽的新聞或是知識，例如毛毛蟲食草植物、蝴蝶蜜源植物、誘鳥植物等等，上網打個關鍵字，一堆相關報導與成功復育案例，或者可以問家中的大寶，到底是怎麼一回事，他會告訴你戶外教學或是學校的網室裡發生的一切。當小孩子在蝴蝶溫室裡看見漫天蝴蝶的情境，到底是一種什麼教育呢？難道蝴蝶就應該這樣被豢養在手指之間嗎？難道蝴蝶就應該優遊在無天敵而且滿屋食草蜜源的網室裡嗎？我總覺得這樣的觀察教育是刻意造作的，終有一

各式花花草草就是昆蟲的蜜源與食草。

天會被小孩拆穿的謊言。要讓小孩瞭解的是健康與真相，生機花園展示的就是健康；而真相存在自然的競爭與循環中。

打造一處生機花園，可以試著種些食草性植物來吸引蝴蝶鳥禽，但是刻意種植是一種很狹隘的動機，生機花園不應該只有這麼一點的包容。難道只吸引蝴蝶、鳥禽？那蜻蜓和草蛉呢？難道只有討喜的昆蟲可以來嗎？那麼富有正義感與善良的史瑞克，你把它擺哪裡？花錢買來的一些食草蜜源植物，也許會因為環境不適合而全數枯萎，或是蝴蝶喜愛咸豐草的野味，遠大於花錢買來的食草蜜源。

其實，每一種植物就是一種食草，也可能是一種蜜源，不需要太刻意製造食草植物，只要盡可能多種適合的植物就

光葉水菊是吸引斑蝶很好的蜜源植物

對了。只要多種一款適合的植物，就會誘發一款生態系的發生，要讓生機花園盡可能的蟲滿為患，溢出來的自然會有天敵來汰換。什麼是適合的植物，就是以台灣原生種植物為主，或是以周邊環境已存在的植物為主，再搭配外來種植物來豐富。

以原生樹種為主、搭配外來園藝植栽與草花

原生樹種保有著適應台灣氣候環境的優良基因，它原來就存在於這個島嶼上，也許度過了千萬個年頭的風雨淬鍊，只不過運氣差的碰上了台灣經濟起飛而逐漸稀少。為何推薦原生樹種的喬木、灌木呢？因為喬灌木的壽命長，長時間存在足以改變環境本質。而原生種喬灌木因為基因與特性原本就適應台灣氣候環境，在自然演替的適應中不會氾濫，所引發的生物鏈關係也適合台灣生物圈，不致引發意外與突兀的物種改變。近年，外來物種的引進造成氾濫，進而改變生物環境就是因為太強勢太適應，短時間沒有天敵與平衡機制。

台灣櫸木

有人認為原生樹種生長比較緩慢？我的經驗並非如此，苦楝、無患子、櫸樹、光臘樹，三至五年即可有一層樓高。不過，我要反問為何要樹長得快呢？生長快速相對扎根不穩、枝幹脆弱、管理麻煩，一些行道樹不就嘗到這些苦果？像黑板樹、菩提樹、羊蹄甲。如果原生樹種的種植從苗栽開始，強風豪雨都不會影響它們的穩固。

原生樹種比較不美觀？我的經驗是美感不同，相較於熱帶環境引進的外來樹種，原生樹種沒有它們常見濃妝艷抹與血盆大口，呈現的是不過於華麗花俏的鮮豔，一種比較質樸素雅的美感。

外來種植物不是不好，而是原生樹種會更好，若這個外來種植物已經馴化而沒有氾濫之餘，可以酌量搭配栽種。因此一個生機花園的喬木、灌木應以原生樹種為主、搭配外來園藝樹種或草花豐富之。

無患子

童年和後院消失的茂密、曾在山林田野遇見的驚喜、多年夢想的甜美多汁……在農地上架構生機花園少不了的樹種後，總有一些一直放在心上，或不自覺迷戀上的樹，無論如何也想將它們一一種上。

◎填補感官的樹種

當你種下一棵樹之後，就會開始關心它，搜索它的故事與知識，進而認識更多的樹。種下結構性喬木後，你一定不會因此滿足，而開始追求能夠填滿身心感官愉悅的樹種，像美麗的色彩、蕭瑟的空寂、濃郁的迷幻粉味、青翠的春天嫩綠。當種上第一棵樹以後，你開始不自覺的迷戀這些色身香味，到底該如何跟老婆解釋這種迷戀呢？

感官樹種主要包括顏色、香氣、形狀、質感等特性，它們可能同時具備，而非獨立存在，可以安排感官樹種集中在人們活動頻繁的區域，挑逗、激活需要充電的心志。感官樹種雖然眾多，卻可以歸納出一些隱約的共通性，白、紅、黃是主要彩色，台灣原生樹種有眾多白花樹種，卻少有黃、紅花樹種，黃花紅花主要為外來樹種。開白花的樹種多半具有香氣，且集中在春夏盛開；秋冬才開的白花，主要是薔薇科的經濟果樹。多屬外來樹種的黃花、紅花樹種不具有香氣，生長快速但是枝幹脆弱，需注意修剪與防風管理；黃、紅葉是豐富色彩的主要來源，山頭燦爛的黃紅色，代表秋冬的冷冽來臨，像山區的山漆、無患子；平地的紅彩卻代表著春夏乍到，如青楓、赤楠、楓香。

特殊、低維護又容易取得的感官植栽

	立春	立夏	立秋	立冬	長年
白色	*烏皮九芎*呂宋夾蒾、麻葉繡球、茶花、梅花	荷花、七里香（花期長）、大葉溲蘇、万骨消、流蘇、日本女貞、厚葉石斑木、田代氏石斑木	九芎、台灣澤蘭、島田氏澤蘭（花期長）、小葉赤楠、緬梔	薑黃花、通脫木（蓪草）、甜根子、羅氏鹽膚木	
紅紫	楓、漆、賽赤楠、野牡丹、莘夷、山櫻花、紫鳶尾花	睡蓮、杜虹花、松葉牡丹花、火焰木	紫薇、懸星花、紫嬌花	山芙蓉、牽牛花、兔尾草（狗尾草）、台灣火刺木（紅色果實）、洛神花	大葉仙丹花、五彩竹年木、粉撲花
黃	軟枝黃蟬（花期長）、茴香花、樹蘭、黃鳶尾花	*雙花金絲桃、射干、阿伯勒、忍冬、鐵刀木	台灣欒樹、黃槐、台灣萍蓬草	黃鐘花（花期長）	玉葉金花、黃扶桑花
香味	柚柑橘、含笑	玉蘭花、黃梔花、台灣百合、日本女貞、五彩茉莉	檳榔花、野薑花、茉莉花、墨水樹、夜合	桂花	香茅

烏皮九芎

山漆

玉葉金花

紫薇

七里香花

黃鐘花

黃扶桑花

*不易取得，但是一定要想盡辦法種下它

◎民俗植物

種樹，對我來說，還有一種很奇妙的理由和目的，那是一種補償，補償曾經有過的童年和後院消失的茂密，補償曾經和老人家擁有的疼愛淘氣。民俗植物有這種功能，它藏著濃濃老家的土味和淡淡的甜蜜問答，種上民俗植物，你的花園不再只是美麗而已，開始擁有故事，和大地分享想念的句句叮嚀。

民俗植物就是帶著那麼一點俗俗又土土的親切，花枝招展的花園裡冒出一株挺拔的檳榔，是多麼俗而有力的驚嘆號；春寒乍暖的新春河邊冒出一串串的優雅燈籠花，訝異聲中才知那就是國小課本裡實驗的落地生根；花園一隅，令人驚艷的奼紫千紅，友人誤以為的薰衣草花海，不過就是阿婆拿來熬湯解熱的仙草開花！那麼，幹嘛還眷戀著托斯卡尼還是富良野，花蓮壽豐就很強了呀！

這些民俗植物的共同特徵就是取得容易的鄉土植物，但是花市沒在賣，如何取得呢？回一趟南部老家或是郊區鄉野小旅行，隨手可得。採一株大自然的新鮮放進你的家徒四壁裡，頓時溫馨芳香，想起老人家的期盼叮嚀化作奮發圖強的力量；採一株大自然的雅俗共賞放進你的金碧輝煌裡，頓時輕鬆自在，想起年少的刻苦與失去的歲月情感，人生又何須執著在功成名就呀！

蓮蕉花可當孩童的零嘴，但用吸不用咬的。

低維護與素雅美觀的民俗植物

民俗植物	花季與特徵
檳榔	高挑挺拔，種一片很俗氣，種一棵卻很高雅，尤其九月檳榔花香清新宜人
落地生根	春天新年開花一串像提燈籠
仙草	夏天綠葉茂盛，冬天開紫花
筆筒樹	傘狀的優雅姿態，[illegible]
月桃	端午開花
野薑花	夏天開花像白蝴蝶，香氣清新宜人
苦楝	清明端午時節串串紫花
蓮蕉花	全年開花夏天尤盛，花蜜滋味清香甘甜
艾草	生長強健，老人家習慣拿來治跌打損傷和趨邪避凶

檳榔

仙草

艾草

筆筒樹

野薑花

落地生根

蓮蕉花

◎山野植物

山林田野，在我的價值裡有一種崇高的地位，也存在一種「野蠻不理智」的角色，這種衝突也反映了人的心性中，一種是走向原始、野性、冒險的衝動，一種是走向善良溫柔的平靜。沒錯，山林田野就是這樣的存在，要大地的子民，學習的是一種人性的平衡，而不是壓抑。現代社會循規教化的善良、秩序、理智，不是人生的唯一！其實人的性格裡本來就存在著野性與衝動，適當的釋放不理智與衝動才是健康的。

生機花園應該反映山林田野的野性與平靜，反映人心的規律秩序與放任隨性；秩序是知識與經驗的人為加工，雜亂隨性才是自然界裡應有的面貌。在秩序與隨性之間，可以把山林田野的野趣帶進生機花園裡熱鬧，山野植物與園藝植栽差異就在於改良馴化，園藝科技把山野裡的番龍眼、山枇杷、土芒果改良馴化出多汁多樣，而原本粗糙平凡的山野植物就漸漸的被遺忘了。走進山林田野會發現已經被遺忘的驚喜，確信那是花市、園藝店裡找不到的驚喜，一種平凡裡的驚為天人，渺小裡的法喜充滿。

忘不掉某年夏天在大禮大同步道民宅裡，喝了一鍋山胡椒野菇湯，那一粒一粒黑色山胡椒在嘴裡爆開後，我就決定以後泡麵裡不能少了這一味；記得在崇德部落裡嘗了一口刺楤炒蛋和一杯刺楤茶，我就決定慵懶草原一定要有這一棵；在馬太鞍濕地紅瓦屋裡遇見樹豆排骨湯和水煮粉薯，我就希望在每一處生態溝的轉角栽上幾叢。山野植物外觀多半平凡無奇或許帶刺帶粉，果實甜度少、土味重，如果承認自己還有不理智的衝動，跟我一樣還是惦記著山林野趣，那就帶它們回家！讓你的花園裡也複製這種山林田野間的平凡與野趣。

實用的山野植物

山野植物	特徵
刺楤	全株可利用，葉片常料理入菜，強健易種植
山胡椒（馬告）	辛香料，平地生長緩慢
土芒果、土芭樂	食用果實，甜度較低，但是香氣濃郁
毛柿	食用果實，生長緩慢，薪材堅硬
粉薯、樹薯	食用地下莖，花蓮吉安黃昏市場偶有原住民販售
樹豆	食用果實種在果樹旁可固氮增加土壤氮養分

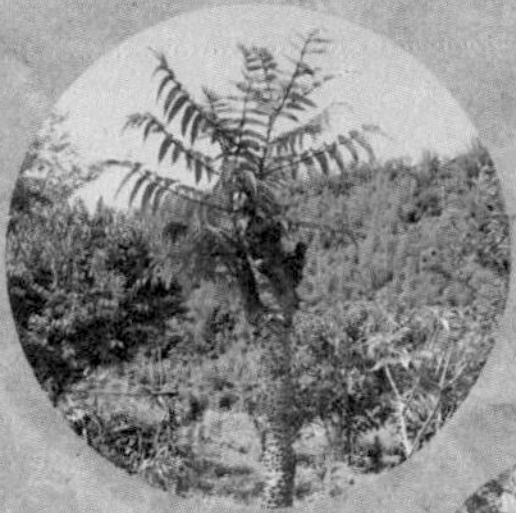
刺楤

樹豆

樹薯

土芭樂

土芒果

毛柿

◎果樹

種下一棵果樹大約需要四公尺×四公尺的間距，很耗費土地資源，慵懶草原當初規劃一處果樹區約三百坪左右，很快就種滿了。種果樹時，總是這個想種，那個也想種，不知不覺越種越密，果樹長大以後，才後悔當初的貪心，種果樹就跟種喬木一樣，必須要想像未來並且遵守紀律。

通常在種果樹之前，想的都是美好與多汁，但是，果樹是一種時間與心情的投資，需要三、五年的栽培與等待。

農地的規模不大，必須取捨，種下適合的樹種，例如很多熱帶果樹不適合北部，芒果、龍眼、荔枝、釋迦，長得出來，不過，過程總讓人心情煎熬；很多溫帶水果也不適合平地，平地蘋果、平地水蜜桃，雖然冠上平地之名，但是，栽培很辛苦的；很多外來的嬌客也經不起考驗，如什麼藍莓、醋栗的。

果樹的種植建議分兩類，有把握的與夢想的。有把握的果樹，好長又有回報，我們從小吃到大，例如芭樂、柳丁、琵琶、葡萄柚、檸檬，現在它們有眾多的改良種，譬如巨大芭樂、西瓜芭樂、夏威夷芭樂、紅肉柳丁、紅江橙、帝王柑、茂谷柑、桶柑等，都是便宜又好種的，或許有人覺得它們還是不比原先土種好吃，但優點是三、五年一定帶來回報。

另一種是心中的夢想，但不一定吃得到，又很想試看看的，像是前面說的，溫帶的、熱帶的、奇怪的。

果苗樹苗哪裡買？

現在網路資訊方便，想要的資訊或疑難打個關鍵字google一下或是yahoo一下，答案就出來了，想要的果樹果苗當然也不是問題呀！我最常使用的就是拍賣網站，透過該拍賣網站查得賣家資訊，每年中秋後我都會固定向一些賣家訂購一整批樹苗果苗宅配到家，既方便又便宜，透過拍賣網站瀏覽也可以瞭解目前流行什麼樹種或市價。慵懶草原的樹種在網路上都有流通販售。推薦賣家：網路玫瑰園、東霖園藝、冬冬玫瑰園。很簡單的經驗買法，果苗價格在100-150元左右的，就是所謂有把握，好種又有回報的果樹；果苗價格超過300元就是買夢想的。

花蓮縣政府免費申請環境綠美化苗木

近年花蓮縣政府推廣環境綠美化，凡是花蓮縣境土地所有權人都可以於每年10月～翌年2月申請100株樹苗，包括原生喬木、景觀灌木、綠籬等。申請網址參見　"http://www.hualien-innocuous.hl.gov.tw/Cikasoan/big5/default.asp"

鳳梨也可以是景觀花園的題材

火龍果花

蓮霧

籬笆，建一個天敵銀行

我想要一種籬笆，可以擁有心理上的安全感，那是一種阻隔；卻又可以兼顧和周圍環境的和諧，是一種連結。

圍籬的功能發揮得最淋漓盡致的就是軍營的圍牆，喔！不，應該是監獄才對，那是最有效的阻隔，它有分明的裡外關係，卻也切割了與環境、與人際的情感關係。圍籬越高，越會豎立孤傲與自我，愛交朋友的人，不會想要那種圍籬的。

我在長方矩形的範圍界邊規劃三層的籬笆，內層綠籬、中層矮圍籬、外層緩衝。內層的綠籬密植金露花與七里香；中層圍籬用水泥柱二公尺間距拉塑膠網圍成實體的阻隔，外圍緩衝則是保留了

綠籬分布圖

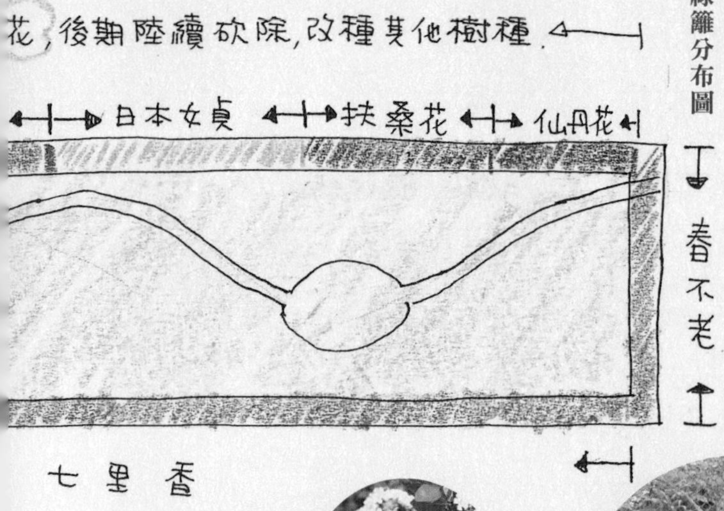

仙丹花

小葉桑

七里香

日本女貞

實體圍籬與鄰地一公尺寬的距離，保留暫不使用的空間、保留往後再思考適合植栽的空間、保留邊界喬木不致往外拓展侵犯鄰地的空間。圍籬搭配綠籬，呈現的外在功能是阻隔、美觀；而內在的功能是培養對抗病蟲害的天敵銀行。

建構多樣性綠籬抵抗田間害蟲大軍

通常基於方便好管理，大部分的綠籬只栽種單一樹種。其實，綠籬是很好實踐植物多樣性的場所，可以建構健康的居住環境、協助抵抗田間病蟲害大軍，進而培養天敵銀行。

多樣化綠籬即栽種多樣種類的灌叢，引誘更多樣的生物棲息，促進微生物、昆蟲和動物在灌叢間繁衍活動，進而對耕作田間、居住環境之間的病蟲害產生自體的制衡作用。如此，對於農作物、園藝花草的病蟲害管理，我們可以減少

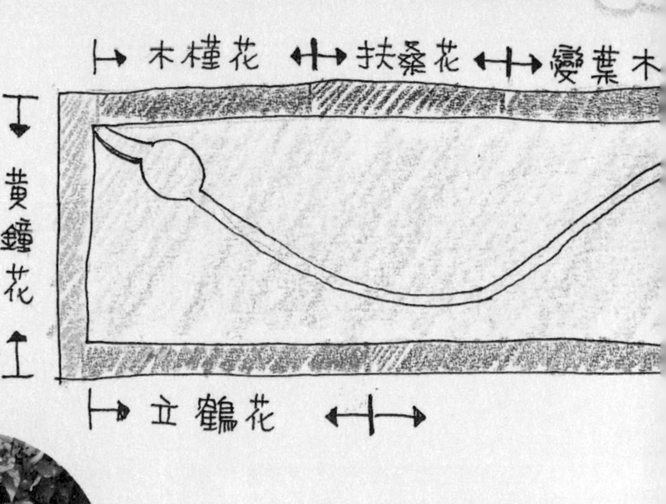

木槿

朱槿

立鶴花

耗費的金錢與心力。一旦天敵銀行穩定運作，我們還要瞎忙嗎？

細葉雪茄花不但終年開花美觀，它還會吸引蜜蜂前來採蜜，順便幫瓜果授粉；扶桑花、馬利筋、七里香茂密的綠叢中躲藏著草蛉、瓢蟲、螳螂、粗喙椿象、蜘蛛等，牠們可以控制周邊小型害蟲如蚜蟲、蟎蚤類、薊馬、介殼蟲等病蟲害。有些病蟲害目前已研究出治標對策，但還有更多細小種繁的病蟲害超乎今天研究範圍或是經驗技術所能控制，如果，每一種病蟲害都需要一種農藥或生物防治藥劑來解決的話，我們哪有心情去釣魚或看歌仔戲，還不如建構一個健康的天敵銀行，讓蟲蟲們自行維持秩序，我們要做的就是先建立多樣化的「生產者」環境，然後「初級消費者」、「次級消費者」自然會陸續加入，當「高等消費者」自然發生的時候，一個完整的生態系就逐漸形成。啊，國中的生物課本有教呀！這個簡單的道理，大人們都忘記了。

快活自己的景觀木籬笆

如果說圍籬是在保護心理上的安全感、綠籬是在建構健康又美觀的內在環境，那麼景觀木籬笆就是媚俗吧！只是，別人媚俗是取悅他人，我們媚俗是快活自己。景觀木籬笆沒有實質功能，純粹就是點綴活潑，讓空間更有豐富的色彩，讓來到這裡的人們，心情愉悅。

通常景觀木籬笆都是低矮的樸素色彩，用以襯托主體，主體多半是視覺焦點的花園，可以用鄉村風格的木板彩繪，也可以用粗獷隨性的樹枝搭圍。

野薑花叢的螳螂

出現在七里香綠籬的瓢蟲

七里香綠籬最常見的蜘蛛

當一個人構思景觀木籬笆該怎麼上色的時候，表示他的心情已經開始不這麼急躁了，開墾或建設已經度過了最艱辛的階段，心思逐漸轉移到美感的塑造，是一件值得恭喜的事。

心中規劃的三層籬笆，最後總有許多超出想像。綠籬是可以實驗的，既然想要玩得長長久久，可以嘗試各種可能，不去理會也是一種選擇，最堅實最生態的綠籬就在那裡。

◎中層矮圍籬：只防笨狗和笨雞，阻隔不了小偷

我訂做了一百八十公分（六台尺）長的水泥柱，通常坊間販售的水泥柱成品都是七台尺以上。一百八十公分的水泥柱，六十公分埋土裡，一百二十公分露出來，所以實體圍籬的高度只有一百二十公分，那是一般成人胸部的高度而已，水泥柱間再拉塑膠網，另加一條鐵絲固定，讓網子不搖晃。這樣的實體圍籬只對一百二十公分，即胸部以下範圍作阻隔，一百二十公分以上就沒有限制了。意味著它只會阻隔不會飛躍不會攀爬的中大型動物，像笨狗和笨雞，但是不包括蜥蜴蟋蟀等小型動物、也不包括會飛的環頸雉、會攀爬的小偷。

郊野的圍籬可以阻隔小偷嗎？其實只是降低風險而已，它和一些設備，都只是防患而不是阻隔。譬如，設計護城河與木拱橋來降低被偷的意願，小偷根本拿不走大型器具；質樸儉約的外觀與活動，不致引誘小偷侵犯；家犬飼養、偵測式的照明等等。失竊率基本上與地形環境有密切關係，明亮與活動頻繁區域，不適合高聳又遮蔽的阻隔，因為那反而危險，犯意總是在阻隔遮蔽而減少被察覺的機會當中產生；陰暗、隱密、活動稀少的區域，也不適合高聳又遮蔽的阻隔，要關心的重點是在降低風險與

三層籬笆的成長故事

① 立水泥柱

② 立柱後拉塑膠網

③ 內層綠籬種上七里香

④ 外層緩衝區自然長出小葉桑

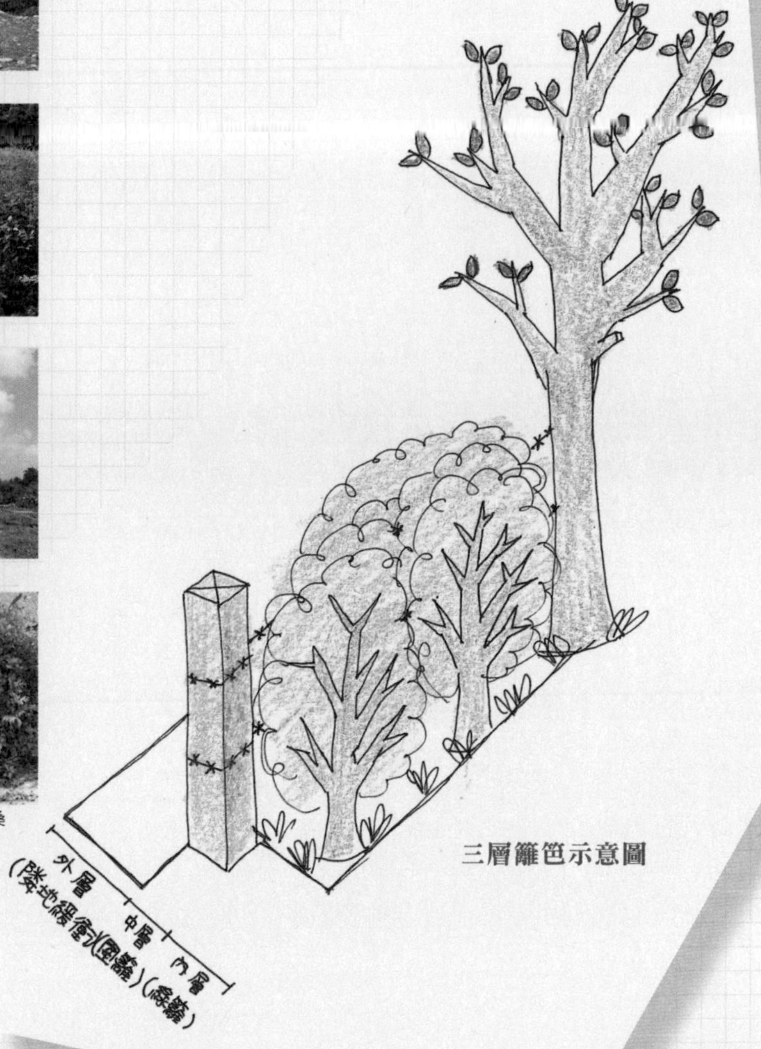

三層籬笆示意圖

防患設備，不是阻隔。

◎內層綠籬：要慢長又能茂密保護作物的矮灌叢

我以金露花與七里香為內層綠籬的主要種植，另特定區域試驗種植春不老、立鶴花、木槿、黃鐘花還有金棗金桔。綠籬效果令我最滿意的居然是老實又木訥的七里香。春不老、立鶴花、金露花、黃鐘花，速度快可短期長成比人高的綠籬，金棗金桔成籬效果差。

開墾的初期，誰都會想有沒有長得又快又密的綠籬植物，最好今天種下，明天就可以長好的魔豆，有的，但是那種快速會讓你付出慘痛的代價。如果還要求魔豆會長刺，那你的人生就會是黑白的了，因為那個刺，體驗最深刻與慘痛的，不是小偷，而是嘴裡嚷著哀嚎的你。最適合的綠籬，應該是那種慢慢長卻能茂密與保護作物天敵的矮灌叢。初期的「快」，相對會造成後來頻繁的「剪」；初期的「快」，相對會忘記怎麼「密」。

七里香，栽植初期相當緩慢，當時每回經過七里香旁，我總是忍不住搖頭，然後有些不耐的對著七里香說：「你看看，對面的金露花，那是你同學耶！」經過三年的修剪與等待，七里香成籬後春夏白花香、秋冬綠果紅、枝椏茂密生命強健，不需特別看顧與修剪。三年後，再經過，我總是忍不住讚美它，「你看看對面的金露花，你同學早就翻牆了，我還被他刺傷呢！」

金露花，外來已馴化適應台灣氣候，約二年成籬及胸，需勤修剪才能茂密整齊。若未勤剪則徒長高，底層稀疏乾黃

慵懶草原開墾初期自行扦插培育金露花苗①，將它們大量種植成內層綠籬。後來將它們部分移除②改種變葉木③、日本女貞④和扶桑花等。

不美觀；若勤剪與雕塑，可塑造高聳茂密的造型綠籬。金露花，是需要時間費心力管理的樹種，是否種必須斟酌。

春不老、立鶴花、黃鐘花，都可以快速長高至三米成高牆。春不老特色是紅色果實成串美麗可誘鳥；立鶴花，一年四季幾乎都掛滿紫色的花朵；黃鐘花茂密成林，一年春秋二期開滿黃花。它們一致的特色是，若勤剪則成灌叢少開花；不剪則成林，可以當作是又高又密的喬木樹林，可遮蔽卻陰暗不利通風。

金棗金桔是後來移除部分金露花後嘗試的實驗，構想是既可成籬又可觀花採果，目前觀察效果不顯著，因為綠籬高過一定高度需勤剪，但是金棗金桔勤剪會造成不開花結果，茂密度也不好，可以局部少量的穿插種植。其實，綠籬是可以實驗的，既然想要玩得長長久久，可以嘗試各種可能，譬如酸溜多汁的西印度櫻桃、全年黃花綠葉的軟枝黃蟬、喜歡痛快人生的九重葛、台灣原生種榆梠、日本女貞、細葉紋母樹、香茅，這些樹種都各有千秋與風采，可以拿來試驗作為點綴性的綠籬。

◎外層緩衝：老天送來的綠籬

有沒有必要保留外層緩衝空間，視每個人的價值，基本上，我覺得是一種尊重，尊重鄰地、尊重生命。積極利用圍牆內每塊角落，卻又能大方不貪心的留白讓給公共使用。越能捨得留白，越能積極利用。

通常大家使用空間都是盡可能極大化，測量定樁後就把圍籬不偏不倚的插圍在範圍邊界上，就怕鄰地會來攻佔你的土地。我有這樣的期望，期望留一公

種著光臘樹的七里香綠籬，原為空地的外圍，現有鳥兒帶來的小葉桑與朴樹生長著。

從外圍看綠籬①，外圍緩衝區枯木端一旁有朴樹，右邊一角較遠的是小葉桑。有時其中還夾雜山苦瓜②和西瓜藤③等攀藤植物。

尺的緩衝，而鄰地未來也能效仿保留一公尺的緩衝，如此一來，圍牆外圍就多了兩公尺的緩衝。這個緩衝對於生態意義很重要，緩衝空間如果是茂密綠籬或樹叢，那會是功德一件，外圍綠籬提供了內外進出或躲避的廊道，它可以吸引多樣的自然生態進駐，尤其每回鄰地請大型耕耘機犁田，外圍綠籬就是昆蟲們最近可躲避的庇護所。試想，由它與內層綠籬所組合而成的庇護所，可以滋養保障多少的小生命，它們是組成健康生態系最堅固的一環。

外層緩衝，可以嘗試種植各種有益的綠籬，也可以不理會它，不理會的結果實在太有趣，可以觀察鳥禽又為我們帶來什麼禮物，因為鳥禽喜歡停留在圍籬上排遺，隨著夾雜其中的種子落土萌芽，自然也帶來附近山區有趣又可食用的植物。

在慵懶草原，小葉桑、朴樹為大宗，山苦瓜、木鱉子、小番茄等也常見，那是土地健康的徵兆，而且一定有其存在的意義，我沒有除去這些自然物種而在外層緩衝區刻意種上綠籬，反而讓它們漸漸形成樹叢。後來我發現外圍的小葉桑每年都枯萎又重新發芽，因為它們總是被天牛幼蟲啃蛀，而我種植的柑橘果樹卻健康完好，原來，天牛都被吸引去啃小葉桑了，在天牛的心中，小葉桑比柑橘更好吃。自然的徵兆，一定都代表著什麼，剛好，外圍緩衝區就是最好的觀察場所。

哪裡才是生態，就在沒有大道理的地方，就在我們不去干擾的地方。

接近文明，雜草卻不再是敵人了

Part3 整草原

唯有體驗了蠻荒的野性以後，才會瞭解土地本身就是一個強大的能量，我站在草叢旁閉著雙眼，感受到地表裡每一處神經都在窸窣跳動著，當土壤的肌肉灌滿陽光與水氣之後，隨時都有要往上爆發的力量，我清晰聽見。

歷經了幾場大規模的中外戰役之後，雖然接近了一點文明，但是百姓生活艱苦。在慵懶草原裡，種的菜吃不到、種的果還沒生、工寮會漏雨、大雨會淹水，我們就像是革命的孫先生，在十面埋伏中風雨飄搖，驅除韃虜，建立秩序的信念，一直都在。

只有防禦或安身立命的設施，不足於應付突如其來的雜草大軍，要應付四面八方湧來的六股野蠻力量，不能只有防禦，應該要進攻。這個革命的關鍵在於「添購武器、以草制草」。

很奇妙的！在自然環境中只要克服過的困境，後來，就再也不是困境了。雜草，已經不再是敵人了，反而，我會保留雜草該有的權利或野性該有的伸展。

整草原 95.6～96.12

添購機械，種草，以草制草，然後開始草原上的木工生活。建立文明的秩序、需要進階的工具，不能只用鐮刀鋤頭，要馴化隨性又野性的自然環境，就需要帶進一點美感文化，不能只有藍天白雲葉綠素。

95年6月

第一台背負式割草機

添購第一台背負式割草機，對付夏天的雜草，還是屢戰屢敗。

95年秋天

種草

嘗試種草來抑制雜草，台北草、假儉草、百慕達草都失敗，後來廣種地毯草。

95年冬天

第一台平推式割草機

添購第一台平推式割草機，割平整的草坪效率大增。

96年春天

木工生活

完成園藝裝飾，包括拱門、鋼琴、小物彩繪、景觀籬笆、野餐桌等妝點。

階段開拓圖

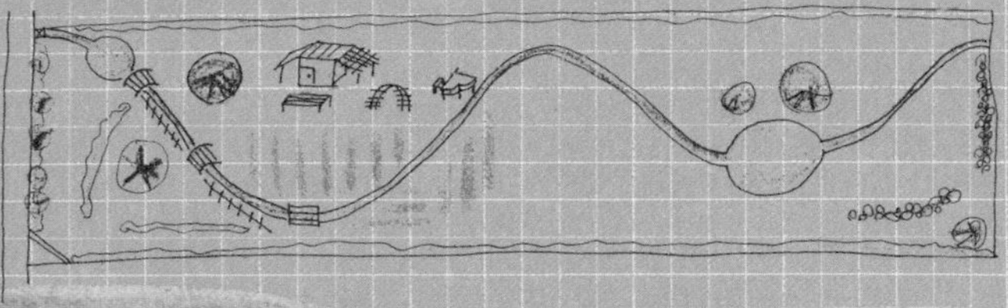

結婚

慵懶草原拍婚紗照，
我們結婚吧。

96年5月

96年秋天

第一台小牛耕耘機

添購第一台小牛耕耘機，
耕種翻土更有效率。

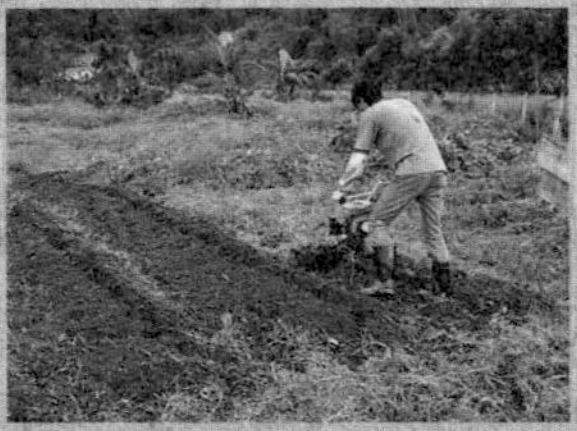

我們結婚吧！

村姑不會站在太陽底下揮汗耕鋤，村姑不喜歡玩泥巴蓋大地窯，村姑不會左手割草、右手鏟土，但還是勇敢嫁給我了。在慵懶草原，農夫和村姑完全做著不同的事，卻有一個共同目標，這個目標，讓我們的喜好、興趣、生活都有了交集，連吵架也是。

陪我一起找田看地、陪我種樹蓋工寮、陪我翻書找資料、陪我建立起慵懶草原的基礎，那一段最辛苦的時光，是在結婚前。我的老婆，那一位慵懶草原的村姑，當我們還在戀愛的時候，她早就知道我不會使用ＭＳＮ、知道我愛逛五金行、知道我車裡「生態豐美」、後車廂還藏了鐮刀、知道我蒐藏滿屋的破銅爛鐵、知道我有這樣的不良嗜好與生活習慣。結婚後，村姑的預知與現實似乎也不遠，她預知了我永遠都會把孩子的褲子穿反、預知了要幫我看任何３Ｃ使用說明書、預知了我會把星期六搞得髒兮兮的。我的老婆，還是勇敢的嫁給我了，因為，我們都有一個共同的目標。

夫妻相處，喜好、興趣、生活都一定要有一致性嗎？不是的！只要目標一致，喜好就會有交集、興趣就會重疊、生活就有了關係。女人和男人的喜好和擅長本來就不同，村姑不會站在太陽底下揮汗耕鋤，但是喜歡灑種澆水；村姑不會割草鋸樹，但是喜歡剪枝整理花園；村姑不喜歡玩泥巴蓋大地窯，但是喜歡一手包辦土窯烘烤料理；

村姑不會左手割草、右手鏟土，但是在大樹下童話故事裡，她會左手牽孩子右手拿相機。在同一個時間的慵懶草原裡，農夫和村姑完全做著不同的一件事，卻共同完成一個目標，這一個目標，讓喜好、興趣、生活都有了交集，連吵架也是。

天上風箏在天上飛，地上人兒在地上追／你若擔心你不能飛，你有我的蝴蝶／我若擔心我不能飛，我有你的草原／嘿　嘿　你形容我是這個世界上無與倫比的美麗／嘿　嘿　我知道你才是這世界上無與倫比的美麗／嘿　嘿　嘿　你知道當你需要個夏天我會拚了命努力／嘿　嘿　我知道你會做我的掩護　當我是個逃兵

這是蘇打綠的一首歌「無與倫比的美麗」，隱約可以從歌詞裡感受到年輕人眼裡，一種渴望寬廣與自由的愛戀，但是，怎麼也搞不清楚歌詞裡的邏輯，尤其，在這個夏天的日正當中，慵懶草原怎麼沒有一隻蝴蝶，沒有一朵風箏。我和老婆只有看見快被太陽融化的草原，還有推開門出去，馬上又夾著尾巴躲進門的逃兵。

談戀愛時，凡事都沒有邏輯的理所當然，啥事都是無與倫比的美麗；結婚後呢，凡事都沒有理由的任勞任怨，啥事都像是夏天的日正當中？如果，戀愛過程後的婚姻是如此，那就苦了，那是一種謊言，是一種無與倫比的虛幻了。夫妻有一個共同的目標，很重要，願意陪著伴侶完成一件對方認為是人生重要的事更重要，只要願意陪伴，在陪伴的關係裡自然會有一個共同目標產生，雖然很長很累很困難，但是一定會有交集，這種交集，就是陪伴的幸福。

種草，保留一份野性

井然有序的花園裡，冒出一堆調皮頑強的雜草，總讓人容忍不下。種草是一種抑制雜草的方法，卻也是一種人為的自私，尤其種平坦的草坪，雖較符合人們對美學、經濟與安全的要求，卻減少了生物的棲息環境。為了生機花園的豐美，應該慎選草種，以及為種草的自私行為做補償。

我們從小到大的美學教養裡，從來就容不下雜草叢生的美，因為美麗的庭園一定是馴化後的花木扶疏、小橋流水，怎麼容得下隨性又放蕩的雜草呢。從小，雜草就被定義成沒有教養的野孩子，譬如老師的評語，今天怎麼又是「字跡潦草」；老婆的評語，今天怎麼又是「草草了事」。但是，所有最原始的美、最有活力的呈現，卻都是充滿著這種野性的姿態。譬如，森林裡的小徑、溪畔的沼間帶、莽原叢林，都潛藏著神祕不可測的巨大能量，這些巨大的能量，都緣起於雜草覆蓋的土壤裡，只是我們的美學視野還沒擴展到這種野性的美，還停留在井然有序的教養中。

先接受雜草，才能種好草

如果在這個井然有序的花園裡，突然冒出一堆調皮頑強的雜草，我們就想把它們拖出去槍斃了。那是因為我們打從心裡沒有接受它，還沒體會雜草的真正面目。生命力旺盛的原野地，雜草是不可能被消滅的，「大自然不留白」，它不會讓有水、有肥分

面對雜草，一開始想到的就是除草，慵懶草原歷經機械與人工除草的階段。民國96年12月底種下接近雜草性格的地毯草，到了隔年三月底，經過頻繁的踩踏，形成一條有著青翠草皮的步道。

的地方，空下來不長植物，雜草只能被控制，只能和平共處，除非那是一塊槁木死灰或者殺戮戰場。

如果接受雜草就是一種旺盛的生命力，就不會奢望擁有一片嬌貴的台北草草坪，那將是徒勞無功的一場遊戲，因為台北草草坪很快就會被雜草消滅。如果接受雜草，也不會種下假儉草，除非先花大筆金錢與心力在降低土壤的生命力，譬如將土壤噴殺草劑、壓路機壓實、灑上砂石等步驟，讓雜草的生命力沒有萌發的空隙。如果在原野地，要這樣美美的井然有序，勢必會疲於奔命，奔命在草坪與雜草的掙扎之間。

如果接受雜草，自然會選擇種接近雜草性格的地毯草，並且容忍雜草肩並肩的發生，只要雜草不叛逆不撒野即可接受。地毯草具備匍匐平貼著地面生長的優勢，可減低雜草生長點，也因為粗厚的草層比一般嬌貴的草皮更能棲息昆蟲，其特性也接近雜草的生物功能。

種下地毯草的地方，只要人活動比較頻繁處，譬如休憩草坪、步道，因為踩踏頻繁壓實緊密，自然雜草就不易發生，覆蓋度緊密；而人活動比較不頻繁處，譬如果樹區，雜草就比較茂盛，雜草容易穿越地毯草的覆蓋，向上拓展向下紮根，土壤也相對鬆軟有利果樹發展。種下地毯草，只是一種控制因子，最後的決定，還是依照人類活動的頻繁度來自我調整。這是多麼自然又巧妙的雜草管理呀！

早期的慵懶草原曾以犁田機翻土除草，雖快又省事，但對大環境的自癒調節力卻是個問號。後來慢慢以割草機取代，雖較花時間，不過多了解每一處角落與野草關係的機會，終於悟出以種草取代除草的方法。

阡插種地毯草。

地毯草喜歡橫向生長，一下子就占滿土地。

不花一毛錢種下地毯草

阡插是什麼玩意兒？就是把有生命的嫩枝或嫩莖，插入適當的介質裡，不久後又是一株枝繁葉茂的新生命。仔細想想，真不可思議的植物本能。地毯草是相當容易阡插的草種，折一段莖枝插入土地，很快就能生根發芽，地毯草的阡插和軟體複製貼上的功能很像，滑鼠輕輕一點，又可以貼上一片翠綠的草坪，但是，台北草與假儉草被刪除的機會比較大。

地毯草阡插的初期需要注意水分的澆灌，尤其在夏天陽光強烈下，待生根發芽後就可以不用刻意澆灌了，因為地毯草類似雜草粗賤的性格，只要自然的雨水與露水就足夠補充。阡插的初期，雜草會與地毯草爭取生長空間，地毯草先往橫向爭取土地；可是雜草會往垂直方向爭取陽光，所以阡插的初期只要隔一段時間割草，就可以把垂直方向的雜草割除，而地毯草的生長努力一點也沒有浪費，不一會兒，它就占滿了整片

種草前的平與順

種草坪前需將雜草根莖清除後弄鬆土壤整地，以利阡插。阡插前要先檢視整體土地的平整與順勢，以免造成排水不順與明顯的凹凸不平。弄鬆後的土壤用木板或竹竿撥平，這個平順的動作在人們頻繁活動地區的草坪尤其重要，因為此區的草坪的踩踏頻度很高，土壤自然會堅硬而不利排水，若是沒有保持自然洩水的坡度，很容易遇大雨就積水。

明顯凹凸不平的地方，因為割草機無法清除，雜草容易再度滋生。為了要讓阡插的草種能順利生長，整地前的土地可以用不透光的帆布或不織布鋪蓋3個月或更久，讓土壤裡雜草種子減少或因為發芽後沒有陽光照射而死亡，這樣就可減少往後雜草萌發的機率，使阡插的草種更順利生長。

土地，夏天阡插約三至四個月即形成一片翠綠，冬天生長較緩慢，需要長一點時間，相對地雜草也生長緩慢。

優雅農墾的關鍵，就在種草

這樣慢慢阡插，傻傻割草，就可以不花一毛錢形成一片草原喔！經過這個過程，惱人的雜草問題漸漸的被我們控制住了。休憩空間、步道小徑需要秩序與安全的，我們種上地毯草，經過頻繁的踩踏，呈現的就是整潔青翠的草皮；至於草耕管理的果樹區，我們種上地毯草，但並沒有刻意把雜草滅除，也沒有特別勤勞的割草，因為水多草長的環境才是果樹能量索取的來源，健康的果樹就需要這種野性的能量，只是種上地毯草的果樹區不致於像蠻荒侏羅紀般的恣意生長，地毯草還是可以扮演著控制的角色。至於還沒時間種草的區域，就讓野草恣意生長吧，那是一件好事，因為草叢雜草的存在就是養地儲備能量的時間，還沒想到該如何利用土地之前，就讓雜草來涵養滋潤吧！別急著把它們砍除，甚至，那是我們必須且刻意要做的，因此我們還打造了許多處的疊石草叢區。

種草區域圖

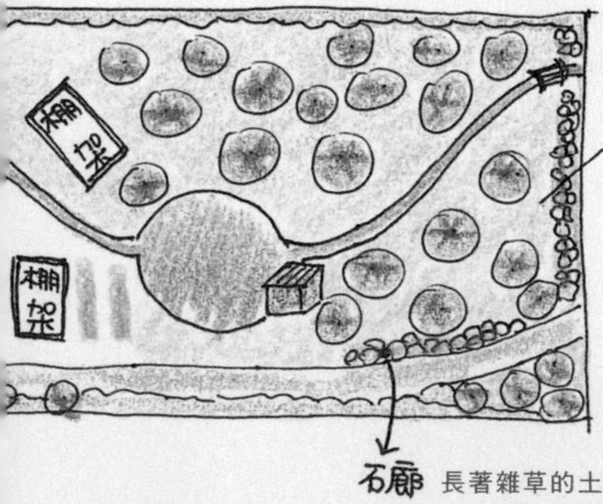

果樹草耕管理區

果樹區，水多草長的環境才是果樹能量索取的來源，我們沒有刻意滅除雜草，也沒有特別勤勞的割草，只是種上地毯草，讓區內的雜草不致於像蠻荒侏羅紀般的恣意生長。

長著雜草的土地，原本應該是生物穿梭無阻的場所，為了彌補種草行為的自私，我們用剩餘的石頭疊出中空的條狀廊道、用廢棄的磚頭疊出一處一處的廢墟，再加上綠籬廊道與灌叢，為昆蟲爬蟲保留一處可以自由安全進出的空間。

水多草長是果樹能量來源

④ 雜草與地毯草共生在果樹下。

① 蠻荒一片時的果樹區。

② 整地種下果樹，也開始種地毯草。

③ 草耕管理的果樹區形成。

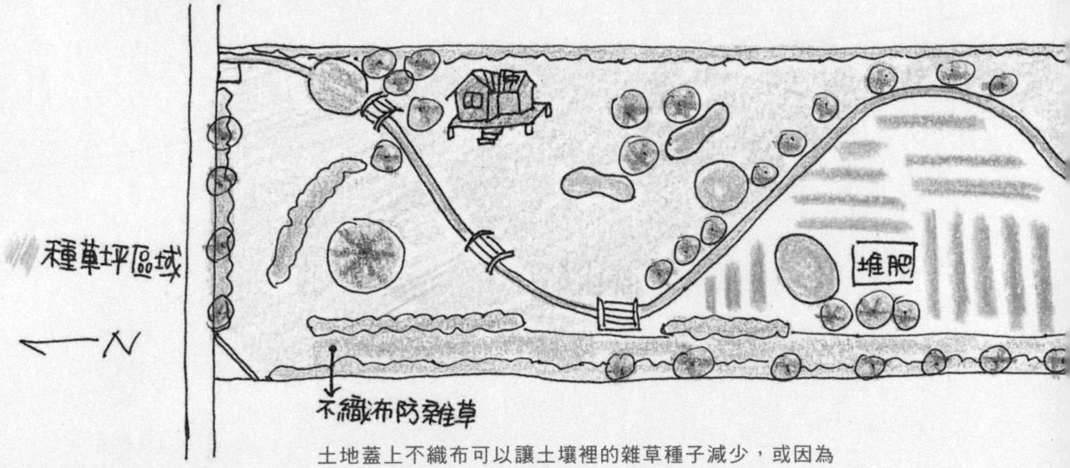

土地蓋上不織布可以讓土壤裡的雜草種子減少，或因為發芽後沒有陽光照射而死亡，減少雜草萌發的機率。

補償回饋的行動

如果從人類經濟利用的角度來判斷雜草的價值，雜草就是亂與醜，是所有妖魔鬼怪的溫床；如果從生物棲息生長的角度來判斷雜草的價值，雜草就代表著涵養能量，是各種生物交際循環的媒介。而種地毯草只是一種人為的控制方法，雖然比較符合人們的美學、經濟與安全，其實，是帶進了人類的自私，相對的，生物棲息環境就減少。為了補償原本應該是雜草的土地，原本應該是生物穿梭無阻的場所，我們做了一些回饋的行動，塑造昆蟲爬蟲們容易穿越與躲避的空間，譬如我們用剩餘的石頭疊出中空的條狀廊道、用廢棄的磚頭疊出一處一處的廢墟，這些空間就留給親愛的昆蟲爬蟲利用吧，再加上綠籬廊道與灌叢，可以讓牠們自由安全的進出移動，可以快樂的「上學」、安全的「回家」。

如果土地上都種滿了美美的草皮，試想，高爾夫球場的青蛙蟋蟀，到底要躲哪兒，躲水塘？別笨了，小心！小白球飛過來了。那麼既然有美美的草皮可以欣賞，幹嘛還要讓青蛙蟋蟀進來呢？這就是對待土地的心態了，如果我們需要一處可供長期適居適種的土地，美美的草皮對於土地的健康，便一點幫助也沒有，相對的呈現出單調乏味的生態性，所以長期適居適種的土地，草皮應該控制在一定的數量與範圍內。如果我們需要的是短期娛樂性經濟性的土地利用，或是都會區的家居公園美化，因為目的性不同，種上美美的草皮，那是可以理解的，因為草坪相對於水泥或玻璃，應該還是奢侈的享受吧！

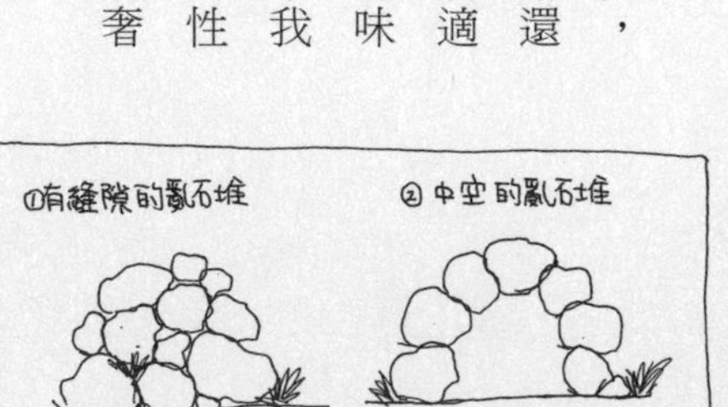
蛇會選擇①有壓密的但有縫隙的石堆，而不是②

石廊剖面圖

在果樹區旁的步道邊疊石準備做石廊。

石廊慢慢的被雜草覆蓋形成一處不受外界干擾的天地。

撥開雜草，小型的爬蟲在石堆的間隙亂竄。

另一種用廢棄磚塊堆出來的石廊。

石廊現況長滿薜荔

生活木工，難以想像的創造力

木工，只是一種生活技能罷了，拿鋸子敲釘子的心理，其實就像拿鍋鏟一樣，炒的好不好吃不是問題，想不想炒比較重要。而生活木工的進階，不在技術不夠精進，而在腦袋的限制太多；不在工具不夠精良，而在需索依賴的太多。

三十歲前，我對於木工的瞭解是很有限的，或者說，我的生活技能是很有限的。在還沒擁有土地前，第一次動手做的木工是想放置在戶外花園的木架，我在五金行買了一塊合板，興致沖沖的回家切鋸釘組，完成後放在戶外，沒一個月就崩解毀壞了，原來，五金行賣的合板是經不起日曬雨淋的，這樣一個簡單常識我都不知道。

幾年過去，現在的我已經可以製作出想要的生活家具。當初的一股動機加上毫無經驗，就是最好的學習過程。

拿鋸子就像拿鍋鏟

生活木工是簡單的，或者說，想辦法把它變簡單一點，它只是一種組合的過程，原理也不過是簡易的加減幾何空間，可以不用擦粉抹油、不用拋光漆亮、不用進階的卯榫、不用掩飾的補洞遮醜。不需要當個藝術家還是工藝薪傳，生活木工只是運用能力範圍內的工具，組合出一頓生活的「美味佳肴」。

撿拾漂流木，送去木材行裁切成片狀，再組合釘成漂流木椅。浴室的木工組件由部分舊房子的板子與部分漂流木構成。

WELCOME

生活木工，不應該是一種專業技術，它是一種生活技能，就像拿鍋鏟一樣。有的大男人拿不動鍋鏟，不是因為他不能，只是他不想，不熟練而已。拿鍋鏟是一種基本的生活本能，如果他真願意為家人煮一鍋歡愉的晚餐，泡麵、咖哩、冰箱的剩菜丟進熱水裡，就是一鍋豐美的小樽銷魂拉麵。小女人拿不動鋸子的道理也一樣，如果真願意為小女兒釘一組桌椅，厚紙板、學校廢桌椅、回收棧板敲敲打打，也是一組媽媽的愛心與期望。

生活木工的課堂不在教室、不在書本，而在五金行或大賣場。想不通的組合方式，逛了一圈五金行或大賣場，會給人很多創造組合的想法；想不通該用什麼工具解決，只要跟五金行老闆比手畫腳或雞同鴨講一會兒，老闆就會像多啦A夢般的掏出神奇法寶。啊，有這種工具呀！有這種螺絲呀！

五金行和大賣場是很有趣的場所，尤其越是不熟悉，越有趣，就像是尋寶屋，豐富多樣的資材，可填補對生活需求的不安；熱鬧又聒噪的談笑風生，就像是高級的社交場所，平衡在咖啡館裡的孤獨；眼花撩亂的功能商品，就像是另類的托兒所或遊樂場，平衡小孩在圖書館裡壓抑的教養。生活木工的意義在於，其衍發出一連串豐富的生活方式，不只在成品本身。

拆解玩木工

基本上，生活木工是一種組合的幾何過程，簡單的原理卻可以創造出各式各樣的生活需要，如果想玩進階生活木工，可以朝著拆解的方向進行。拆解的樂趣，是一種獲得資源與再利用的享受，例如木屋拆除後取得的木料、撿拾漂流木送木材行剖切成板材、舊貨二手回收場的舊家具拆解再利用等。

玩生活木工，需要進階的不是技術工法，也不是曲高和寡的極致工藝，而是一種心態而已，即了解組合是消耗資材，而拆解卻可以獲得重生的資材。

生活木工玩著玩著，漸漸的厭倦了新材又平整又潔白的光滑，進口木材呈現千篇一律的花紋，握在手上總覺得有飄洋過海的隔閡，木材行販售的南方松、花旗松，不外乎就是這些常見的海外樹種，只是用錢買來的一種板材而已。但是，拆解而來的木料

舊房子的梁柱拆下來後，再利用組合成拱門，取名愛麗絲的夢，這些都是結婚時拍婚紗的道具。

卻都是見證台灣在地歷史的原生樹木，它吸納了可能比五十年更長久的日月星晨，像日式木屋拆除的舊木料幾乎都是台灣檜木與紅檜，即使歷經五十年的光陰變化，剖鋸這些舊木料飄來的香氣還有白裡透紅的木紋肌膚，真叫人迷戀，握在手上就是一種百年的感動，一種使命感。

生活木工的學習，最難的還是創造與想像，不是技巧、也不是工具，因為令人驚嘆的家具木工創作，幾乎都是無師自通，有人只靠著一把鍊鋸和砂磨機，就創造出一個家裡的所有家具，這些火星人大部分住在海邊，有人住在山裡，有人整天喝酒、有人整天釣魚，創作想像、吃喝玩睡全部搞在一塊，木工對於他們來說，不就是生活嗎？不像坐在電腦桌前眉頭深鎖著的人，生活木工，也有一種生活方式反省的意味存在。

自然素材的生活美學

有人覺得使用木製品比較起水泥或鐵鋁材質更為環保或省錢，並不正確。因為木材的耐久與防潮需要作重金屬的防腐處理，一般木頭作防腐處理可以撐二十五至三十年，那要使用多少防腐藥劑啊！台灣目前有木材的防腐認證標章，防腐材料可分為各種不同的等級，這些防腐木材就是台灣目前戶外木製品的主流。不過，防腐材料畢竟不自然且有危害環境之虞，應避免大量使用。

拆屋回收的舊木料、經過海水浸泡的漂流木、整理花園切鋸的枝幹，這些回收與自然木料都是最天然的材質，沒有防腐的危害，很適合作為室內家具的材料。而舊木料

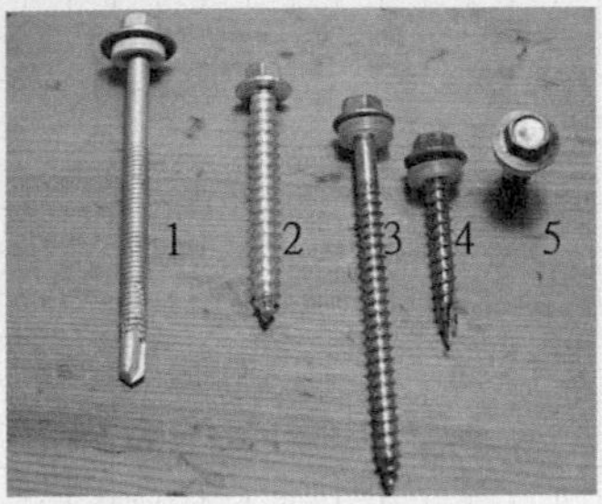

六角自攻螺絲 1.攻鐵2.攻水泥3.攻木頭(長)4.攻木頭(短)5.六角頭

拱門利用六角頭螺絲組合

六角自攻螺絲——大型木工突破關鍵

到底怎麼組合一個工寮、一組大型桌椅、一架鋼琴呢？其實原理都很簡單，運用的機械工具也很基本，關鍵只在於六角螺絲。有了能夠承載重量的螺絲，美勞作品就可以越作越大。常見的十字螺絲，屬於輕木工，不適合用來承載重量，比較粗大的六角頭自攻螺絲，可以作大型承載的家俱，而且巧妙利用，可以銜接各種媒材介面。例如木頭與水泥壁面的結合，可以利用攻水泥的自攻螺絲；木頭與鋼鐵材的結合、木頭間的接合，也各自有所屬的螺絲。這種自攻螺絲各種長短都有，而且操作簡單，只要擁有一把電鑽，利用鑽頭的切換，就可以鑽和鎖，我的工寮結構與木桌椅就是利用自攻螺絲組合而成的。

利用光臘樹修剪下來的樹材，裝飾花園的一角，這是自然素材的應用。

特殊香氣是防蛀蟲的關鍵，它曾經被刻鑿釘補的歲月痕跡併同著細緻又美麗的花紋呈現，會是擁有生命觸感的作品。

漂流木因為樹種不同，呈現的紋理、姿態與利用也不同，它就是不直不平，每一塊流木都呈現獨特的風韻，而它特有的粗糙與風化，更讓每一塊流木呈現不做作的自然美學。漂流木的利用需要想像，如何把一種飛龍在天馴化成一種四平八穩的大器、如何把相近相似組合而成對稱平衡，是最難的一種美學，那需要自由奔放的腦袋。

不要忘記如何編織童話

小時後看過愛麗絲夢遊仙境吧！如果沒有完整看過、讀過，對於裡面的部分情節也應該有些印象吧！童話為什麼是童話，電影終究是電影，就是它可能不是真實，或永遠不可能成真。可是這樣的奇妙夢幻，卻常常能填補我們的心靈呀，不是只有空虛、焦躁的時候才需要夢幻，生活裡也應該需要這種感性的糧食。

電影、音樂、藝術，其實都是這種奇妙夢幻，讓生活，不至於如此理性又實際到鑽進辦公桌裡，偶而讓眼光泛紅、大聲喧鬧、搞怪亂想也無妨，讓思緒跳脫一下秩序，來個後空翻，然後騰空飛翔。生活木工，不但需要想像、更需要亂想，悠遊在創造想像中，讓生活跨進了故事之中，這樣的沒有道理與不合邏輯，常常可以為我們規律又理性的生活帶來精采。

花園裡的各式小物，籬笆小木門、裝飾小信箱、歡迎的門牌都是利用各式木工裁鋸後剩餘木料組合彩繪而成的。

木匠貝多芬的異想

印象中，鋼琴是神聖的，一種遙不可及的玩具，慵懶草原卻顛覆它。以新的木料黃美檜製作的木鋼琴，浪漫的取名木匠貝多芬。仿巴洛克式教廷樂器，圓弧曲線造型，雖彈不出聲響，卻可以給鵝、給孩子當玩具，可以療傷，輔慰幼時失學的心靈。不怕髒、防潮、抗菌的高科技產品，耐踩、不耐摔。

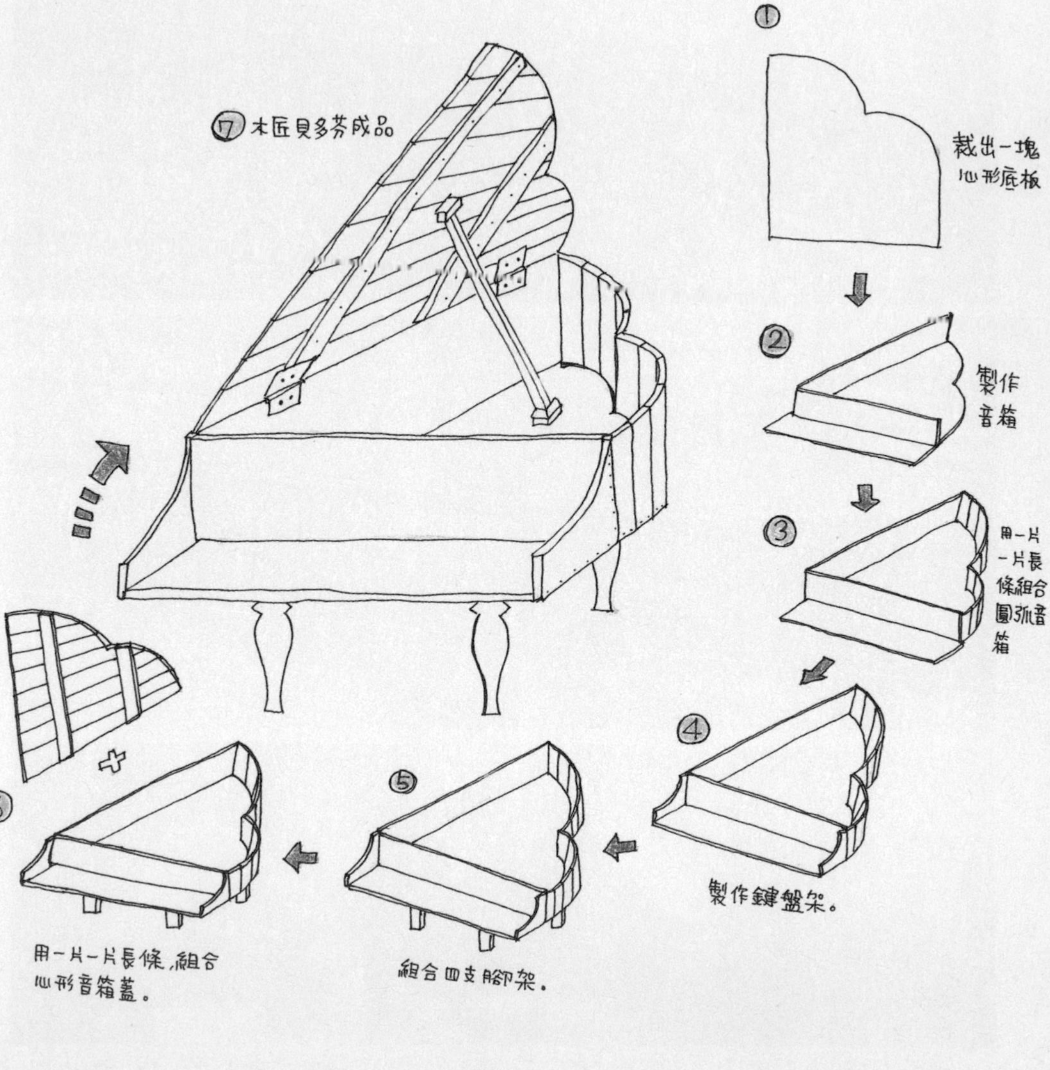
① 裁出一塊心形底板
② 製作音箱
③ 用一片一片長條組合圓弧音箱
④ 製作鍵盤架。
⑤ 組合四支腳架。
⑥ 用一片一片長條,組合心形音箱蓋。
⑦ 木匠貝多芬成品

十大建設，挑戰最簡單的事物

Part4 種房子

我們有多餘的時間在既有的基礎上擴充提升內容，著手簡易工寮的進化、我們開始「種房子」，想花時間種出一棟可以一直隨著樹苗長大的房子，陪著孩子長大的房子，這個房子可以延伸我們農忙耕耘的樂觀飽足，卻不是享受房子與設備帶來的華麗虛榮。

民國六〇年代台灣曾有十大建設，國家將既有的基礎建設擴充提升，在經濟發展的道路上，大眾感受到一股富足的希望而更加倍努力。民國九十七年夏天，慵懶草原，聽見了鏗鏘有力的敲打聲，聽見了和家人一起揮汗的吆喝聲，屬於慵懶草原的「十大建設」開始了，那是歷經了兩年多的風雨飄搖以及與雜草奮戰之後，所展現的自信與力量，希望打造一個可以交給下一代的豐富資產。只不過，慵懶草原的「十大建設」，不同於國家的「十大建設」，種房子、造大地窯等等，挑戰的是一種回歸自然的生活方式。

種房子 97.1～99.12

值得玩味的是我心中的「十大建設」，居然都是挑戰最簡單的事物，最簡單的耕種、玩泥巴蓋大地窯、養雞研究雞寮、美勞作業、資源回收利用，這些最簡單的事物，卻是慵懶草原最值得驕傲的建設。

97年夏天

購廢材

蒐購廢木材廢鋼材，
構思種房子模型與設計，
大兒子出生了。

97年夏天

種房子

開始種房子、
自己當建築師當監工，
分包各項工程。

98年春天

DIY

種房子完成外裝，
內裝與戶外木作工程
由自己DIY，
全區步道
已經可以貫通聯絡。

98年夏天

生物來訪

第一批黃裳鳳蝶
飛來結蛹羽化、
光臘樹發現獨角仙、鍬形蟲、
生態溝發現黃金蜆、螢火蟲。

98年中秋

大地窯

完成第一座大地窯，
烤比薩、麵包、番薯。

階段開拓圖

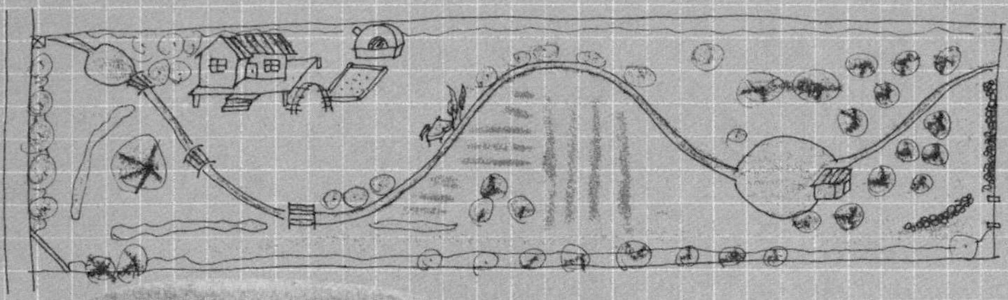

雞寮

蓋雞寮，
添購一台鍊
戰力更形堅

99年春天

99年夏天

成林

光臘樹已然成排成林，
那是炎夏
最涼爽的林蔭大道，
也是最熱鬧的鳥蟲市集。

99年冬天

小女兒出生

大家已經為她準備好，
天底下最棒的禮物。

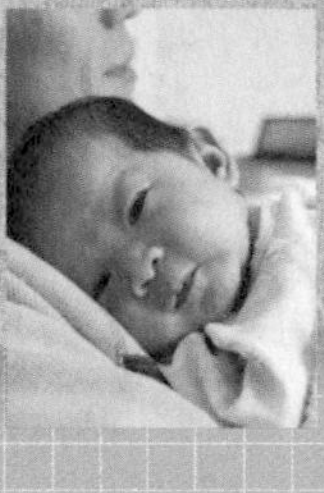

草原托兒所

我沒有刻意安排這樣的人生。孩子來了，剛好我們在開墾一片天地，於是我把「父子關係」放了一點在慵懶草原。孩子自然的跟前跟後模仿觀察，我特別留意到，孩子在這個環境成長有很多特別的反應與良好的性格。我相信，孩子就應該在這種安全又寬闊的課堂裡成長。

孩子，滿一歲的時候，看我爬梯套果實袋，他竟然也能爬梯站穩，搶著套袋；滿一歲半的冬天，看我蓋雞寮，他竟然也能拿穩鋸子有模有樣，我也讓他玩鐵鎚敲釘子；滿二歲的春天，他自己採了一碗鮮紅的草莓，試著拿起鋤頭想要幫忙我，那鋤頭比他還高；二歲半的冬天，他牽著小妹妹的手，從果園走回小木屋，這一段路有溪溝、有蜿蜒，他第一次勇敢的保護著女孩。

千百個掙扎也要放下

對於這些行為，大人在意的一定是危險這件事，對於小孩來說，有些事情確實是危險的，就像爬梯、拿鋸子、釘鐵釘、過溪溝、進草叢，這些事情如果在大人的陪伴下，學習正確的使用，學習面對危險，只要他想嘗試的事物，我都不會阻止。大人們直覺反應的危險，其實小孩早在揣摩了，只要有了那股躍躍欲試的動機，怎麼

民國97年夏天出生的兒子，一歲時就能穩穩的爬梯，學著我為果樹套袋；一歲半時就有模有樣的拿鋸子鋸木材。民國99年冬天，妹妹出生，哥哥的模樣出來，懂得安撫照顧嚎啕大哭的妹妹。

都沒辦法擋住他的熱情，所以就先讓他瞭解危險、讓他在大人的陪伴下碰觸危險，讓閃躲危險變成一種本能、讓勇敢變成一種性格、讓敏捷變成一種習慣。我會讓孩子感受鋸子的鋒利痛楚、告誡草叢凹洞水深的危險，其實，我是千百個不放心呀，當他爬梯時，梯子旁有多少雙手在護持著；當他拿起鋸子時，我是千百個掙扎才放下；當他保護小妹妹完成任務時，我可是偷偷躲在樹的後頭，不知被蚊蟲叮咬了多久呀！

危險，如果因此而不讓他嘗試學習，想著等他長大以後自然就會了，想著等著，也許孩子三十歲了，還是不忍他拿鋸子爬樓梯，危險在心裡，永遠都會是危險。我發現，當孩子瞭解危險卻又還有想嘗試的動機時，那種揣摩學習的力量會令人大吃一驚，原來他一直都在觀察著，學著大人的姿勢一步一步往往上爬。

每個父母都知道，讓孩子在大自然的陽光下長大，是多麼幸福的一件事，但是，面對大自然的危險或髒污疼痛的可能時，父母通常選擇回到屋裡比較安全。大人都知道該讓小孩多接觸大自然、食用新鮮、選擇有機，因此安排讓小孩參加體驗營，參觀有機農場，假期還開車帶他們郊遊旅行。現在的孩子真幸福，但這些體驗，畢竟只是一種嘗試，只能看到事實的表象或淺嘗即止的有限認識。真正體會大自然生活，需要培養持續的耐心和承受責任的甘苦，那需要家長的鼓勵與陪伴。草原托兒所要給孩子的禮物，就是體會，體會危險、辛苦、負責、耐心、收穫。未來，孩子不一定會比別人更勇敢，但是，在人格形塑的階段卻比別人多了可以勇敢的機會，多了擁有這些良好的習慣與態度的可能。

嘗試陽光下各種泥土的滋味

面對小孩的教養問題時，我們可以順便回想一下自己的過去，現在的父母普遍焦慮孩子缺乏競爭力，刻意強化孩子們技能、才藝、語文、課業的能力，想想小時候的自己，是否因為缺乏訓練，吸收太少知識，現在才失去競爭力？還是因為缺乏求知的態度、缺乏任事的熱忱、少了觀察事物的敏銳、少了解決問題的邏輯判斷，這些良好的習慣與態度不是課桌椅上或是教科書裡可以學到的，更不是補習班或是才藝班會教的，它們都發生在教室的窗外，發生在人格形塑階段時的「父子關係」或「親子關係」上。

現在，我把「父子關係」多放了一點在慵懶草原，讓孩子嘗試各種陽光下泥土裡會發生的事物，有一天，我會多放一點在慵懶草原的外頭，畢竟，慵懶草原不能代表天下事，它只是一方，慵懶草原的外頭，才是天地。當然，我會一直陪在孩子的身邊，或跟在他的後頭，即使有千百個掙扎與放下。

草原托兒所是快樂是幸福的，草原托兒所要分享的重點，不是孩子，是那一對父母的掙扎與放下呀！是那一對父母給孩子不一樣的價值體會。

種房子，一棟會呼吸的家屋

若有足夠預算，我會不會也蓋出一棟舒適豪華的農舍呢？我想的農舍曾經也長得像洗石子的變形金剛，為自己、為家人，它是經濟安穩後該有的回報。然而當我們跟這塊土地連結更深後，一個塑膠袋、一根菸蒂都捨不得讓它留下；更不捨用一顆化學肥料、一包水泥餵養這塊土地，更不用說，怎麼捨得於這一塊土地上開腸破肚、綁筋灌漿、讓陌生的機械車輛來回壓碾？

我們決定將簡易工寮拆除，現地重新長出一棟小木屋，也就是在分割出來的四百坪土地內申請農業性生產設施，在法令容許的範圍內長出一棟小天地；至於另一塊八百坪土地，就保留著農業使用，尚無需要蓋農舍。

所謂的舒適豐美，應該就是拔菜歡笑；所謂的安居樂業，應該就是風和日麗；所謂經濟安穩後該有的回報，就是，給我再多一點的童年暑假，我們來種房子吧！

像一棵樹般的長大

種房子，我想要的不是只有那棟房子，我要的是實現的過程。小心翼翼的把它放在這塊充滿生命力的土地上，慢慢發展它、修正它、擴充它，這就是種房子。房子可以像小苗一樣種下，順著當地環境地勢地貌、順著溫暖的陽光慢慢生長；房子可以像樹

平台上的台灣欒樹帶來遮蔭，房子就像在它們保護下慢慢的成長，成為慵懶草原上農忙之後身心安頓的場所。

一樣，有安全的軀幹，有遮蔽的樹蔭，有可以透氣呼吸的皮膚，有葉綠素、水分子、氧分子在房子裡流動環繞。大人和小孩在其中可以又爬又趴，有會蟲鳴鳥叫的朋友來熱鬧，有高低、有凹槽、有陽光可以穿透的縫隙，還有可以觸摸樹皮的每一塊角落。

我曾經為了想快速擁有可以遮蔭的空間，在荒涼一片的開墾初期，花錢買了幾棵成樹，其中有一棵最大的樟樹姿態優美樹冠茂密，心想它應該可以為這片荒涼帶來一點蓬勃或陰影，沒想到樟樹送來種植的當下，卻是光凸凸的僅剩枝幹，因為成樹移植需要斷根前枝，以減少水分的蒸發，期待它快速帶來遮蔭的期盼落空了。接著期待它迅速長出枝椏嫩葉，也等得花兒都謝了，因為成樹斷根後，根系的傷口癒合與拓展新根系都極為費力，沒有二、三年的時間是看不

見成效的，而在等待的途中，竟又經歷了一場颱風，樟樹根系不穩而倒下了。所以從買樹到樹倒的過程，基本上是自找麻煩，因為貪心求快買來一棵不屬於當地的大樹，它也以不適應的隨風倒下來回應。

樟樹倒下以後，我們沒有試圖扶正，它倒下的姿態有粗幹支撐平衡，後來也這樣生長茂密。如此過程，才是一種適應的發展，因為對根系不穩的大樹來說，站著總比趴著容易被吹倒，趴著生長反而爭取更多根系穩紮的時間，枝葉為了想爭取陽光會更賣力的向上競爭。

勞動之後的身心安頓

這樣一來，是否我們種樹最好都要種歪歪的？不是這樣的！每個環境都有一種最適合的生長方式，外來的美麗不一定適合，最好的種樹方式就是先觀察環境一陣子，挑選適合的小苗開始種，慢慢培養茁壯。

房子也是一樣，如果認同它是有生命力的，就應該先觀察環境，然後挑選適合的房子樣態。想種房子的朋友，一定會觀摩很多農舍、民宿，買書看雜誌，不過，吸收了各種喜歡的風格以後，往往模糊了自己想要的是什麼，因為什麼都想要，開始舉棋不定，開始變形龐大。清楚種房子的目的，可以協助你決定量體大小、高低尺寸、空間功能，甚至是一度猶豫不決的美感和色彩。

把客廳與餐廳設計在戶外大樹下。室內挑高4.5公尺，閣樓設計，空間多了趣味性的變化。衛浴透明屋頂，舒服明亮，晴朗的夜晚還有星光可欣賞。

慵懶草原上種的房子，目的是為了農忙之後的休憩場所，重點是農忙的快樂，房子是延伸那份勞動之後的身心安頓，不是住在房子裡的享受。設計清楚朝著小巧、自然、溫馨的方向。陽光可以灑進來，可以像站在樹幹上，俯視整片親手栽種的熱鬧非凡；不需要餐廳與歡迎光臨的客廳，因此把它們都搬到戶外的平台上；不需要冷氣設備，因為平台上留存著原有的台灣欒樹，自然遮蔭涼爽極了，再過一陣子，它們還會把小巧的房子給包覆起來；想要看得見像樹幹、樹枝的屋桁梁架，所以有外露的結構和舊木料做的閣樓；想要自然觸感，所以用舊木料和樹枝做家具；想要感受到清爽又活潑的生命朝氣，所以室內色彩以檸檬黃和橘色為主調。

種房子，親手種

種房子是一種預約的想像，不過，常常昨天的想像和今天的又不同了。可以參閱的資訊實在太多，不時又被新穎的民宿造型給吸引了，想把地中海的教堂搬回家、想把北海道的壁爐鑲在牆壁上，那些美麗卻可能都不是你需要的。

不要以為每一個建築師都能為你量身打造，因為房子不是他的，你的腦袋與想法也不是他的。不過，如果今天我的營建知識空白，我也不敢貿然自己種房子，只能委託建築師全權處理，但那就不是種房子了，我想要的不只是一棟房子，我要整個實現的過程。

在找地的過程中，我就開始醞釀要強化本身建築土木的知識，因為翻閱了農地相關法令之後，連帶也會觸發學習農舍建築相關知識，這一連串的關聯學習，才能夠明確

判斷找到適合的土地。也因為已經具備基本的農地與農舍法規知識，我可以很快速的判斷我要的土地，就是這塊地，我可以在這裡種房子。

買下土地之後，必然的，買書、買雜誌繼續充實相關知識，後在職場工作的一個機緣下，我自願請調到營建工務部門，那實在是太好的實習機會，可以加強建築圖面解讀能力、學習適當的營建工法、了解市場的材料價格，可以親身參與工程的優劣與修正。

或許有人會覺得這只是我的好機緣，但那是一個當下沒有人願意接下的位子，好機緣背後或許是必須承擔負面的壞機緣，如不願意面對，就永遠沒有好機緣的出現。機緣，應該只給想要創造機緣的人吧！一旦本身的體質達到有把握的階段，我就一股腦兒的實現它。種一棟房子只費時二個月，但是事先準備的時間，算不出來有幾年了，也許從我小時候爬樹就可以開始計算了。

模型模擬想像

模擬想像，最傳統的方法就是做等比例的模型，珍珠板是比較美觀且常用的材料，也可用厚紙板或保麗龍。做模型不能只模擬外觀，因為外觀大部分是給別人看的，內裝才是自己切身需要的。我們模型的屋頂可以打開，放進等比例的人形，進一步感覺舒適度如何；也可模擬出門窗、樓梯、家具的位置、高度、尺寸、斜率等等。模型可以將不熟悉的建築平面、立面、剖面圖轉換成立體空間，有助和建築師、營造商討論。無法親手種房子，至少要親自動手做模型。

綠建築源自熱愛自然的心

當種好房子之後，我留意到政府大力推動的綠建築標章制度，這個標章的認證需要九大指標，詳閱這九大指標的內容和項目，喔！我種的房子沒有一項不符合的，可是我從來沒有刻意追求，我只是盡量豐美這塊土地，並且在豐美裡栽種一棟適合全家健康舒服的房子。這證明一件事，專家費心研究的指標公式，其實就是我們簡單的喜愛之心而已。

當你熱愛這片自然，所做的任何事，都會是自然的，如果沒有真心的想要健康這塊土地，而僅是利用竭盡土地資源，所有的有機、節能，或所謂的生態、環保都僅是刻意的附和，最後很可能淪為虛有其表。只要是親手種下的房子，只要認同房子有生命力，會跟著自然一同呼吸成長，你所種的房子就是綠建築。

節能，不是為了節能而添購科技節能設備，因為那個設備不知耗竭了多少能源；綠建築，不只是為了展現建築所呈現的綠意，因為那個建築不知殺光了多少綠意。

綠建築九大指標

房子種好了，檢視政府推動的綠建築標章內容，無一項不符合。種房子不只是完成一棟建築硬體，而是要讓它與周遭的環境連結，與大自然共榮共存，成為一棟有生命力的房子，只要認同此想法，種出來的房子就是綠建築。

指標 1 生物多樣化指標

生態水池、生態水域、生態邊坡 、 生態圍籬設計和多孔隙環境。↓木屋四周有生態綠籬及果樹。

指標 2 綠化指標

生態綠化、牆面綠化、綠化防風。↓室外浴廁泥牆種植薜荔綠化。

指標 3 基地保水指標

透水鋪面、景觀貯留滲透水池。↓全區均為透水鋪面，草坪停車場。

指標 4 日常節能指標

開窗通風性、善用植栽遮陽與水池調節對流。↓小木屋開了10個大小高低窗。

指標 5 二氧化碳減量指標

簡樸的建築造型與室內裝修、合理的結構系統、結構輕量化與木構造。↓小木屋儉樸造型與結構輕量化。

指標 6 廢棄物減量指標

再生鋼材與木材利用、土方平衡。↓回收鋼材再利用做小木屋結構。

指標 7 水資源指標

農作植栽利用茎溪灌溉溝渠重力引水、盥洗用水採地下水。↓茎溪水澆灌植栽作物，澆灌童年。

指標 8 污水與垃圾改善指標

生態濕地污水處理與廚餘堆肥。↓生態濕地有強大的廢棄物處理功能。

指標 9 室內健康與環境指標

環保塗料、閣樓舊木料、老家具。↓室內環保塗料及回收舊木料。

自行設計監造，自行分包廠商，外殼之前的工作由廠商負責，大約2個月即完工，剩下的自己慢慢弄。外殼之前的工作包括，基礎、鋼材結構、木作（屋頂、內外牆、木門）、浴廁泥作、污水處理槽、水電、門窗、衛浴廚具，這些都是比較專業的領域，交給專業廠商施工；自行施工的部分包括，舊木料閣樓、樓梯、油漆、木地板、室內裝飾、戶外棚架與景觀。

面積：室內11坪、閣樓4坪、戶外平台15坪，戶外居然比室內大。

尺寸：室內6公尺×5.5公尺，挑高4.5公尺

功能：小木屋除了2坪大的衛浴之外，都是開放式的空間，包括廚房、客廳、和室、閣樓。

施工工法：

基礎：獨立基礎（見立面圖）

結構：H型鋼為承重結構、C型鋼為壁材結構（如立面圖所示）

房子外牆板：由內至外分別為防水夾板＋防水隔熱毯＋南方松魚鱗板外覆（見立面圖）

房子內牆板：牆板用木夾板釘上後再上環保漆，部分牆板可不封板做出凹槽感覺，當作小儲物空間或裝飾。

屋頂：由內至外分別為防水夾板＋防水隔熱毯＋柔性可樂瓦，內部露梁無天花板，可以看見屋頂梁柱。

房子特色

- 鋼材結構與閣樓木結構大部分使用資源回收場蒐購的舊鋼料、舊木料。
- 鋼材結構，小木屋外觀，鋼材比較適合台灣潮濕氣候，南方松魚鱗板外覆就呈現小木屋風格。
- 仿日式木屋的做法，房子墊高50公分，可空氣流通防潮。
- 開窗多增加室內外空氣對流與散熱，小巧的11坪空間就開了2個門、10個大小窗。
- 挑高4.5公尺，可增加室內空間感與空間利用，加上一個閣樓，就更豐富整個空間的層次感與有趣性。
- 小木屋周邊與木平台種植原生種落葉性喬木，包括櫸木、無患子、台灣欒樹，夏天枝繁葉茂可遮蔭乘涼，冬天落葉後讓房屋與人們可以接受陽光與溫暖。
- 衛浴屋頂使用透明玻璃，採光明亮，夜晚可看星光。

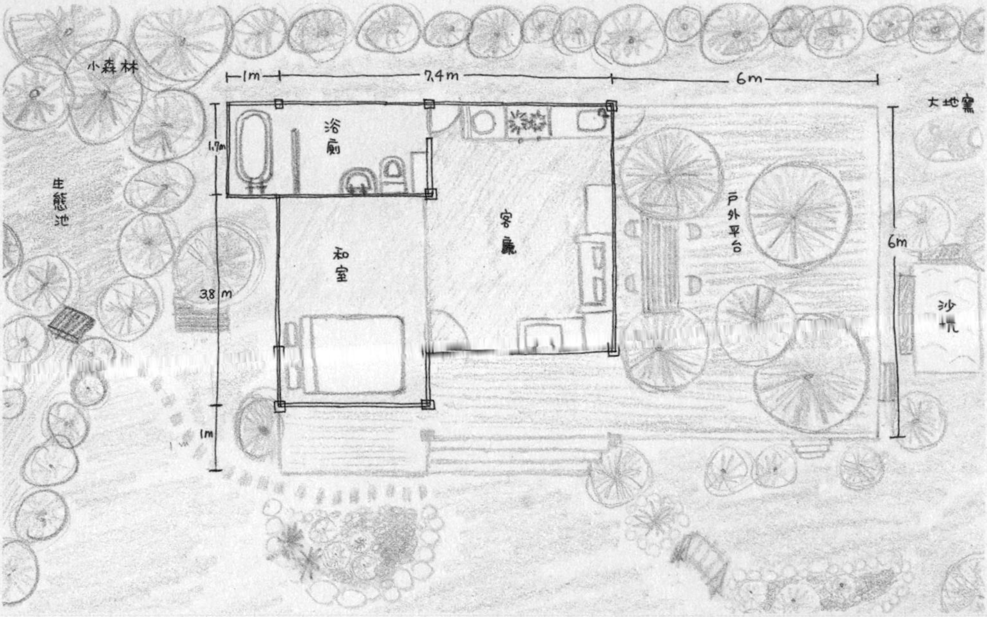

小森林
1m
7.4m
6m
大地窯
浴廁
1.7m
生態池
客廳
和室
戶外平台
6m
3.8m
沙坑
1m

平面圖

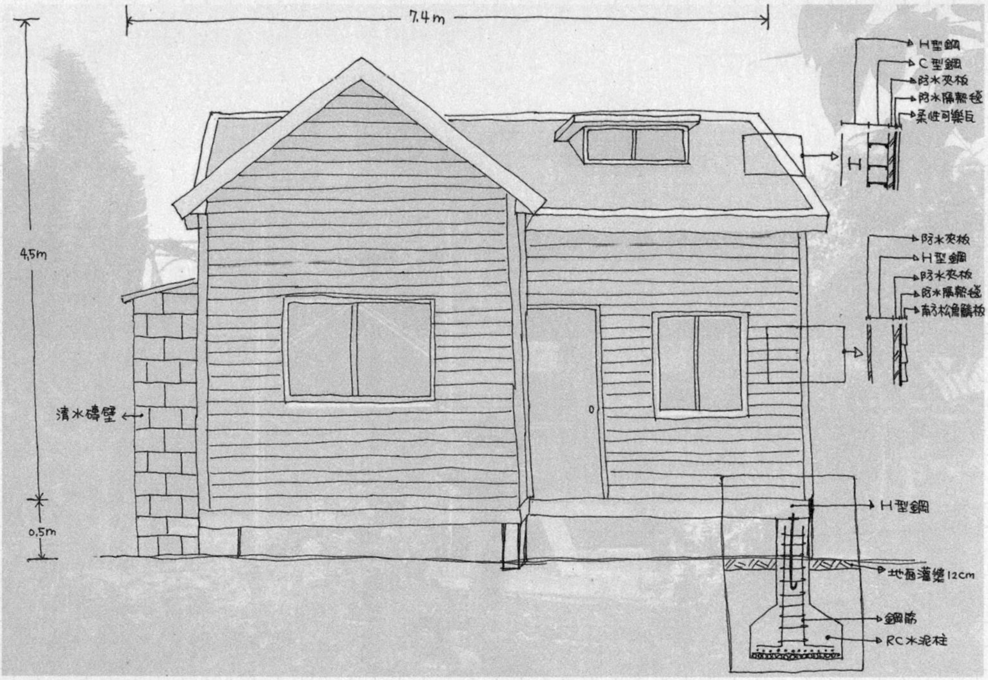

7.4m
H型鋼
C型鋼
防水夾板
防水隔熱毯
柔性可樂瓦
防水夾板
H型鋼
防水夾板
防水隔熱毯
南方松魚鱗板
4.5m
清水磚壁
H型鋼
0.5m
地面灌漿12cm
鋼筋
RC水泥柱

立面圖

種房子——廠商施作部分

① 以板模綁筋灌漿做基礎。

② 使用鋼材做房子的架構。

③ 屋頂與外牆鋪上防水夾板。

④ 防水夾板上再覆上防水隔熱毯。

⑤ 最後外壁覆上南方松魚鱗板。

種房子——自行施作部分

① 施作戶外紅磚道。

② 搭建戶外棚架。

③ 戶外小花園的設計與施作。

種房子費用

	項目	費用	細項說明
室內	基礎（板模綁筋灌漿）	5萬元	RC獨立基礎，深度135cm
	鋼結構 新料＋回收舊料	12萬元	H型鋼200×100mm C型鋼100×50mm
	工資（舊料處理、焊接）	14萬元	
	氣密鋁門窗	3萬元	
	木作（屋頂、內外牆、2扇木門）	[illegible]	屋頂：6分防水夾板＋2mm自黏性防水毯＋柔性可樂瓦 外牆：6分防水夾板＋2mm自黏性防水毯＋6分南方松魚鱗板 內牆：2分夾板＋環保漆
	室內外水電安裝	3萬元	
	化糞池安裝	2萬元	FRP10人份
	浴室泥作磁磚	5萬元	
	浴室配件（浴缸、淋浴門、臉盆龍頭）	4.5萬元	
	廚具	5萬元	
	燈具吊扇	1萬元	
戶外	木平台鋼結構＋工資	3萬元	16坪木平台，木板是回收舊木料
	草原鐵製大門	3萬元	
自行施工	木地板材料 實木＋耐磨地板	3萬元	
	閣樓板材	1萬元	花旗松
	油漆材料	0.5萬元	
合計　90萬元			

破銅爛鐵，大地主的平民美學

破銅爛鐵的利用是一種不完美的平民美學，讓一點破舊與一點時光來塑造隨性的居家花園，更貼近人性，更貼近一種不完美的人生。而回收場看似骯髒不完美環境裡，實隱藏著美好的資材寶庫，牽引著良善又熱情的社會關係。

我用便宜的價格買了一些不織布暫時鋪設地面防雜草、塑膠桶做廚餘桶、腳踏車皮圈當作瓜果棚架植栽與鐵絲之間的緩衝、回收木材搭設木平台與餐桌。資源回收場不僅可以挑選舊物品，也可以挑選材料，而且材料價格比市價便宜很多，譬如最普遍的就是鋼筋、型鋼，我買3分鋼筋、4分鋼筋搭設瓜果棚架、買H型鋼、C型鋼作為房子的部分結構鋼材，這在鐵材價格飆漲的時代，不失為一個省錢又有趣的嘗試。

一種不完美的襯托美學

破銅爛鐵的利用是一種不完美的平民美學，藉著銹鐵破磚的陪襯，讓居家花園更顯得有內涵有時間感，不刻意追求富麗堂皇、井然有序與精雕細琢，不像是宮廷花園一般的精心打造完美無瑕，因為完美與秩序待久了會令人備感壓力，無法讓人身心隨性

資源回收場走一回，舊屋拆下的木頭自製放在戶外涼台上的餐桌。曳引機淘汰的舊犁田刀組，還有廢棄的裁縫車，帶回來後，變成了鐵製大花與古骨裁縫車，妝綴著慵懶草原。

自在，完美與秩序是人性被教導的教條；反而讓一點破舊與一點時光來塑造隨性的居家花園，更貼近人性，更貼近一種不完美卻豐富的人生。

做過這樣的夢，走在路上撿到錢幣，抬頭又發現前面有錢幣，轉個彎又有，一直撿到家門口，逛資源回收場就是這種充滿驚喜連連的過程，抬頭發現一個古早水龍頭、翻開一堆破銅爛鐵裡面躺著一架骨董裁縫車、手裡拿著的是歲月斑駁的銹漆、腦海裡翻滾的是，又填補了一塊時光的拼圖。

很多人不知道資源回收場是可以買賣議價的，通常我們會把不要的廢棄回收物品送到資源回收場變賣，但是很少人會去資源回收場挑貨，更不會有人把資源回收場當做散步地點。資源回收場雖大部分以鐵鋁金屬以及塑膠回收為主，但也會出現帆布、木材等物品，只是要靠運氣才碰得到。

資源回收地圖

每一家回收場因為地理區位與鄰近農工商環境的不同，主要回收材料不同，鄰近工業區大型廢棄鐵材較多；鄰近住宅區則生活器具較多；鄰近鄉間則農耕器材特多。開墾初期需要的資源材料項目較多，我會列出清單，一家一家的回收場尋找需要的材料，很自然的就在腦海裡建立了回收地圖，自然的與老闆也建立起社交關係，這種地圖與網絡關係越頻繁或越精細，取得寶藏的困難度就越低。在這種看似骯髒的不完美環境裡，著實隱藏著美好的資材寶庫，牽引著良善又熱情的社會關係。

走進了資源回收場，我又認識了挖土機工人、汽車報廢回收場老板、舊貨骨董商、還有一堆臭氧層下來的火星人，這些人、這些資源多少在開墾的過程中幫我們解決了沒預期的障礙或需要，一個完美的過程，不是金錢可以塑造的，需要接觸不完美的世界、接觸不完美的人、那種不完美的野性與草根，正是完美的過程需要的。

我的資源回收地圖

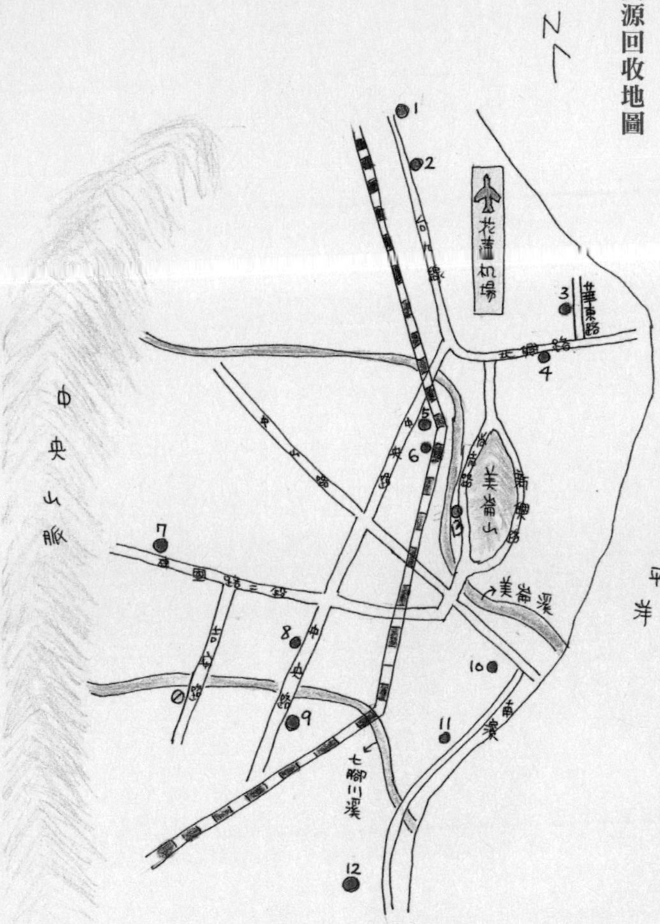

1 康樂／台九線上順安村

2 北埔／新城鄉北埔路北埔國小旁

3 金連盛／花蓮市華東路與北興路交叉口

4 大興／花蓮市北興路原住民會館旁

5 集福行／花蓮縣花蓮市中央路四段309號之3

6 沒有名字的店／花蓮市農濱橋南側

7 金燦興／花蓮縣吉安鄉建國路二段117號

8 慈濟／花蓮市中央路與和平路交叉果菜市場旁

9 傑順／吉安鄉吉興路一段

10 舊貨市集（假日最熱鬧）／花蓮市六期重劃區

11 府城廢鐵／花蓮市重慶街與中強街交叉口

12 宏銓／吉安鄉海岸路766號

13 東良／花蓮縣花蓮市尚志路22號

大地窯，健康飲食的探索

我蓋了一座大地窯，窯裡頭藏滿童年玩泥巴燒稻梗的芬芳印象；芝麻開門以後，我看見窯外頭擠滿了一雙一雙驚喜期待的眼神。我蓋了一座不花一毛錢的驚喜、一座不用負擔電能、瓦斯的高科技二氧化矽炭塑窯，不過遇到大雨沒有遮蓋時，會融化成一堆爛泥巴。

電視JET日本台有一個節目《自給自足農家民宿奮鬥記》，它是全家最愛看的節目，會讓我們不自主的掉進農家刻苦耐勞的喜悅之中。即使不喜歡流汗、不喜歡髒兮兮的泥土，但是自給自足的田園夢想，總能引人編織滿足的幸福，一個夢想開始了；即使已經擁有了華屋美宅，但那種親近泥土露珠的魅力，總讓人想牽著孩子，從老屋門縫裡竄出，腳丫間嬉鬧追逐；即使喜歡逛街、喜歡晶瑩剔透的華麗，但是樸素的植物染、素燒陶、老家具，一種純樸的質感總是能夠自在你的身心。

取來自家種的食材，用大地窯烤成比薩，串連著自給自足田園生活的想像，吃起來特別的美味。

大地窯的製作過程

① 基座用廢棄植草磚堆疊，周圍塗抹濕泥巴穩固。

② 基座中間，用泥土填滿夯實。

③ 基座上層塞滿廢玻璃瓶，有蓄熱功能。

④ 在玻璃瓶上鋪砂平整。

⑤ 用紅磚鋪窯體的底部，可用蓄熱越好的材質，像耐火磚。

⑥ 用砂堆窯體空間，砂堆越大窯體越大。

⑦ 將泥巴、稻桿、稻穀、砂混合，比例自行斟酌，不過如果水分過多，不易附著在砂堆上容易流垮。

⑧ 在砂堆上鋪上調配好的泥巴。

⑨ 窯體成型了，還要經過幾天的風乾。

⑩ 將窯體的砂取出。

⑪ 先用材火烘乾，將泥巴的水分烘乾以利蓄溫。

⑫ 加上溫度計與煙囪，煙囪越高對流效果越好。

一種儉樸生活的嚮往

《自給自足農家民宿奮鬥記》這個節目若搬到三十年前播出，可能沒有人會想看，因為當時家家戶戶都是如此生活。今天大家懷念著這樣自然與純樸的生活方式，其實代表我們在便利與繁忙的現代社會中已經遺失了很多原有的本能與情感。自給自足的意義，就是回歸我們過往生活的態度與串接記憶中的美好。

自給自足，我一直把這個目標放在心上，試著在慵懶草原實踐它。我學著種好一顆高麗菜、孵出一顆雞蛋、種出一粒盤中飧、種出家人的驚喜，我學著用最簡單的材料與方法烹煮出一頓驚喜與歡笑，我蓋了一座大地窯，以種稻的田土或是沒有砂石的泥土為主，輔以稻桿（茅草）、稻穀、耐火紅磚塊、廢磚頭、廢玻璃瓶或細砂，加水後形塑一個可以蓄熱越久越好，形似防護罩的窯體；食物烘烤的原理，就是在窯體裡炭火燒熱後移除灰燼，利用窯體已蓄熱的餘溫烘烤，亦可以利用窯體裡的炭火與食物一起烘烤，但是炭火接觸面的食物容易燒焦與殘留灰燼。

大地窯的火候控制

對於沒有下廚經驗的大男生來說，「火候控制」是很難理解的經驗，大地窯卻是很適合大男生們體驗烹調與玩火的遊戲，說到炭火或起火，男生們精神就來了，尤其這種沒有油煙、不用鍋碗瓢盆的玩意兒，藉此，大男生正好可以體驗萬種美食的基礎就在「火候控制」的道理。

大地窯就是一座烤箱，烤箱可以烘烤的食物，大地窯都可以，只是烤箱的優點是可以設定恆溫時間，大地窯卻會降溫，不過大地窯的優點是可以輕鬆燒烤溫度達到四百度以上，所以一座好的大地窯除了有可以燒高溫的優點，更需要恆溫持久性越久越好。譬如烤麵包、比薩、地瓜、烤魚烤雞，或烤蛋糕，大地窯都可以辦到，但因每座窯的特性不同，便會有不同的「火候控制」。譬如用炭火燒四十分鐘，大約可以使窯體到達三百度，炭火移除，食物放入二十分鐘以後，溫度降溫至二百度，這樣的火候只適合烤麵包烤比薩烤地瓜；譬如炭火燒六十分鐘，大約可使窯體到達四百度，炭火移除，食物放入五十分鐘降到二百度，這樣的火候就適合烤肉烤雞等肉食類。

薪材也是影響食物美味的因素，有別於烤箱，大地窯烤出來的食物會存留淡淡的木材煙燻香氣，所以「種薪材」也是平時需要準備的工作，將砍樹修枝的薪材放置一年以後，這樣的薪材內部水分已經蒸散才可以拿來燒火，也可以嘗試各種不同薪材的煙燻香氣，譬如檜木舊料、光臘樹、刺楤、山櫻花，各有不同的香氣，但是不能拿營建木材、裝潢夾板或防腐木材來燒火，會揮發出有毒氣體。用自己種的薪材來燒火，這是一種很正當的排碳使用權，自己種植的樹木製造氧氣回饋給大地，再用部分的樹幹枝葉來排放二氧化碳享用美食，這樣排放的碳使用權才有正當性。換句話說，享用大地窯之前，先種樹吧！

大地窯的原理

● 窯體原理：製造一個可以蓄熱越久越好的防護罩。

● 材料：以泥土為主，加水後可以塑形不會分散的泥土，例如種稻的田土或是沒有砂石的泥土，黏性越高越好，其他輔助材料包括稻桿（茅草）、稻穀、紅磚塊（耐火磚）、廢磚頭（石塊）、廢玻璃瓶、細砂（保麗龍）等。這些材料都可以重覆使用或回歸大地。

● 食物烘烤原理：炭火在窯體裡燒熱後移除灰燼，利用窯體已蓄熱的餘溫烘烤，亦可以利用窯體裡的炭火與食物一起烘烤，但是炭火接觸面的食物容易燒焦與殘留灰燼。

大地窯的改良

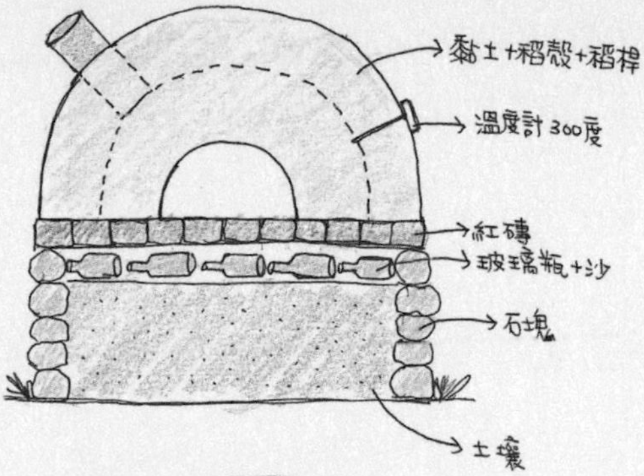

第一代蓄溫型

炭火燒熱窯體後取出炭火，利用窯體餘溫來烘烤，炭火與食物是前後時間利用同一個窯體空間，但是溫度易降。

第二代蓄溫加熱型

炭火燒熱窯體後，移到另一處低位空間續燒，不僅可利用窯體餘溫來烘烤，還可以在低位空間繼續加炭火，利用與煙囪之間的熱對流效果，持續溫度。

天然食材烘出自然芬芳

一座大地窯佇立在四季變化的流轉裡，一場雷雨，土窯爬滿了蝸牛舒展筋骨；一個午後，土窯上了青苔，一個夏天，土窯滿是小蕨，大地窯就是這樣自然的呈現大地的風花雪月，讓我很難再餵養它一點味精或是人工香料，直覺的只想鮮採天然佐料送進窯裡，再從窯裡烘出自然的芬芳。

我們已經習慣在老麵糰裡加上一點刺楤葉，那是這個土地裡長出來的獨特香味，烤魚時會在魚肚裡塞進檸檬香茅、刺楤葉以及任何可以撼動人心的香草，再抹上一層鹽巴，送進窯裡烘烤；可以利用燒烤完後的餘溫，大約在一百至一百五十度左右，放進香椿蒸蛋、肉桂葉茶或香蜂草茶；大地窯沒有食譜，可以嘗試各種天然佐料的組合，尤其自己土地裡長出來的新鮮食材，想烤什麼，就種植什麼，如果一隻蝸牛不小心掉進窯裡，啊！那就該多種些辣椒和九層塔了。

「天然食材」的運用放進大地窯裡，很貼近自給自足的隨性與自在，天然酵母加老麵糰發酵是很有趣的實驗，我們利用檸檬、糖、水培養製作天然酵母，將酵母加入麵糰後，會留下部分麵糰一直重複利用，這種天然酵母加老麵糰的烘烤可以讓麵包自然膨鬆而且散發檸檬清香，從大地窯裡出爐以後，咬上一口，紮實軟Q，那一個費心思量打造的大地窯，不就是為了這樣一種奢侈嗎？

大地窯裡有大地

冷冷的天，這座大地窯就像一個暖爐，烘烤著大地的僵凍，清晨起床裹著厚厚的外套，拿起幾根樹枝一邊起火一邊打噴嚏，火旺了，丟進幾顆地瓜、馬鈴薯，當作是冬天清晨的早餐，拿起鋤頭戴上斗笠開始一天的農忙。友人來訪順手擺進幾顆椪柑和肉桂葉茶進窯裡，薪柴又添進了初春乍暖的快活裡，友人不客套也不嫌棄，我又抓起鐮刀砍了一把黑甘蔗，放進窯裡，友人豪邁的啃咬著，直呼這一天值得了，我心想，這窯只是幌子而已，它可是烤出了暖暖的天地情感。

大地窯的意義，不是只有窯體本身的自然環保而已，那是一整個自給自足的啟發與實現過程，有了大地窯之後，就會想嘗試各種天然佐料天然食材的利用，然後觸發一連串健康飲食的探索，觸發耕種適合家人健康的天然食材，在大地窯裡啟發無窮盡的大地，這才是大地窯的意義。

烤刺楤香茅魚的材料

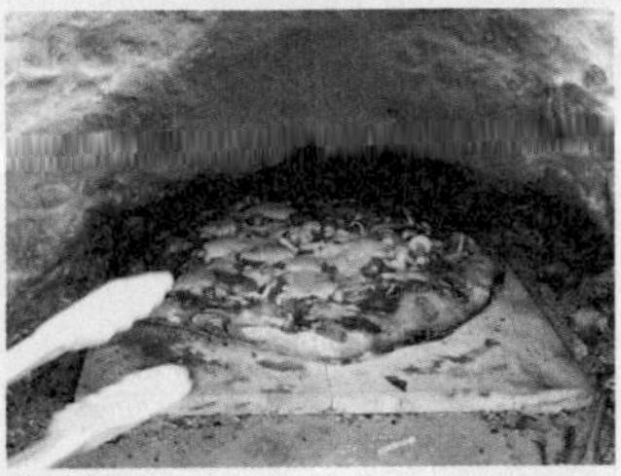
烤披薩

披薩出爐

烤餅乾

不再添加人工設施，邁向自給自足

Part5 釀生活

認真思考那一股不知從何而來的責任心與意志力，怎麼會這樣鮮明的刻印在我的心志上，我曾經是如此不負責任與草率莽撞，至今，我樂此不疲的在慵懶草原奔忙著，到底是什麼力量促成？我想是自然吧！每個人的心性，就是自然，只要是自然的事物，就簡單、就舒服、就自在。

開墾的本質，其實就是自然，若是硬要加上人工的設施，也應求簡單，切勿把舒適和享受強加在自然之上；開墾的目的，就是享受勞動，切勿添加太多的人工設施，這些人工設施只會讓我們更快速、更透澈的忘記真正流汗的目的。種好房子之後，其實我反而懷念在工寮躲雨的身影，懷念帶著圓鍬和衛生紙到菜園挖洞的革命情操……

釀生活 100年～

我反思著，學著種好一顆高麗菜、孵出一顆雞蛋、種出家人的驚喜，我使用老家具滿足奢華的富麗堂皇，滿足我童年曾經感覺到的溫潤觸感，我嘗試用老人家的智慧、用古法、用天然來釀造培育。慵懶草原，越是走向未來，越是想辦法回到過去。

簡單作物

只種最簡單、最適合的農作物，
把牛蒡、山藥、黃秋葵、玉米、地瓜等的種子埋在土裡，
然後什麼事情也不做，遊手好閒，只期盼著秋冬豐盛的收成。

100年 夏天

100年 春天

山谷曲線

農作物山谷曲線出現，
小孩在池裡摸出蛤仔、
釀造紅蘿蔔醋、檸檬醋。

現況圖

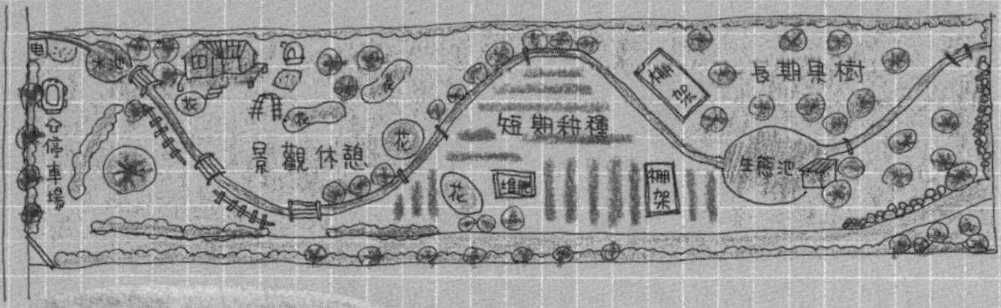

100 冬天迄今

慵懶草原

每個星期六的早晨，慵懶草原慣例的吵鬧繁忙，
從80歲的大姨媽開始，到2歲的小女兒，
全都是一副沒有教養的嬉笑吵鬧或是四腳朝天，
而我，慣例的，在這一天，
一個禮拜才真正的開始，我的細胞又活過來了。

100年秋天

草原便利商店

第一家草原便利商店開張，
只要符合六隻腳
和具頭胸腹的資格，
就歡迎享用
這24小時的便利。

泥土長出來的人生

快樂都是從做一件簡單的事開始，都是一切有關泥土長出來的三兩事，都是一切關於付出憐憫的關愛，要快樂，太簡單了，但是長大以後，我們都忘記了，我們都做著自以為不簡單的事。

某一天的業務報告會場，我坐在會議桌前專注的研讀會議資料，這樣的場合，對於上班族來說，是再熟悉不過的例行公事，尤其是天氣冷冷的會議室，裹在外套裡的思緒更容易專心。

爽快的摳指甲

我拿著筆，稍微記下重點和一些想法，發現握著筆的那隻手，從大拇指開始沿著食指一直到小拇指，每一隻拇指都留存著黑黑肥沃的土壤，沒有洗乾淨的半畝田。我的筆、我的思緒開始流轉，轉到了昨天在慵懶草原的每一個片段。

有些事情一直想做，現在不做，以後也不會做了。一個人心煩，因為總是做不想做的事，因為總是為複雜傷神的事奮鬥不懈，因為總是重覆著習慣又無力去改變的心情。坐在辦公桌電腦前的你，坐在會議室裡開會的我，站在走廊愁眉深鎖的他，都很

孩子，如果你善待這片土地，泥土就會用最乾淨最忠誠的方式回報你。

清楚，那一年快樂時光就在長大以前，那些快樂心情都是撿拾著最簡單事物時才會擁有的陽光。

在課堂上用鉛筆去摳指甲裡的污垢，是多麼爽快的一件事！但有許多人現在應該做不來了，不會這樣做，因為長大了，因為不會把指甲弄髒，寧願用指頭點菸敲鍵盤，寧願用指頭鉤住咖啡杯點胭脂。

假日農夫享受的就是直接摳指甲的爽快，承受的也是直接會髒會痛的身體髮膚，擁有的體驗就是在享受與承受之間的平衡。上班和假日、精神緊繃和勞動放鬆、電腦碳粉輻射線和青草泥巴葉綠素、停不下腳步的刻苦開墾和慵懶恣意的午後草原。

在孩子的脖子種一圈稻

擁有了一塊田地，只是種菜、蓋房子，那就可惜了。當一個假日農夫，只想著農產豐收或什麼都不想的「自我享受」，那就可惜了。擁有一塊田地，當一個假日農夫，享用任何泥土裡長出來的人生，艱困的、甘甜的、慈悲的、隨性的，不要設定或排斥任何泥土裡自然發生的事物，那才有意義。當一個人接受了這個想法，才能自在的享受田園樂趣。雜草、蟲蛇、會蠕動的、會聒噪的，我這裡多的是。

享用泥土裡長出來的人生，需要接受任何「平衡」的原則。以前總是停不下腳步，現在懂得停頓或轉彎；以前總是全力付出開墾拓荒，現在懂得放下去旅行；有時候積極刻苦，有時候就該無所事事；有時候抑制蠻荒，有時候放任雜草恣意；有時想著幸福家門，有時想著關懷眾生；有時候費心想，有時候大口吃。這樣平衡的人生，才會長長久久。

孩子四歲了，他就像是泥土裡長出來的野孩子，在慵懶草原跑跳一天，脖子就有厚厚的一圈污垢，我開玩笑的對他說，那一圈可以種稻了，他興奮到極點，堅持不肯洗澡！我遲疑著，以後到底要不要教他摳指甲的技術呢？那個我引以為傲的技倆！

野孩子是慵懶草原最引以為傲的產品。

草原農法

當我有了孩子以後，想的做的，都是希望他們能健康的長大，怎麼也不忍心給再多一點化學添加、激烈暴躁、有副作用影響的任何刺激來教養孩子。耕作，如果也能從這樣的心態出發，才會發掘最實用、最簡單、最健康的方法，這就是慵懶草原玩的耕作方式，就稱它為「草原農法」，挺適合假日農夫的。

傍晚下班，車窗外的雨霧大街，這世界好像只剩下來回移動的雨刷，還有朦朧綿延的後車燈，把玻璃染成迷濛又閃爍的紅色。車行大排長龍，走走停停，眼看就該輪到我待轉了，紅燈又亮起。車窗內霧氣開始蔓延，車窗外一顆顆想回家的心，我在霧氣上隨手畫了一朵雲，紅燈準備要轉綠燈了，我趕緊在雲朵上畫了一顆太陽。

草原農法，就像雨天在車窗內畫太陽的心，無論如何，還是想著可以讓人流汗的太陽，想著可以讓孩子在太陽底下自在隨意挑選野花的那顆心。

不要工業化翻版的有機農業

台灣的「有機農業」推廣，其實也代表著渴求健康與產業提升的社會現象，但是「有機農業」的發展，似乎脫離不了科技文明與工業化講求的效率。生產者投資著機械化、溫室化，研究土壤改良、研究肥料控制，與「慣行農業」的差別，只是不灑農

香蕉葉、番薯葉、紅刺莧、加點辣椒葉和老薑、大蒜等等，歷經六個月發酵分解終成滋堆肥。慵懶草原以此取代有機農法的瓶瓶罐罐。

藥、化肥，改採生物製菌而已。給予刺激、用外力介入減少害蟲作亂機會的操作手法卻仍然存在。「有機農業」背後的意義，其實就是工業化的翻版，昆蟲生物同樣橫屍遍野。消費者購買有機食品，或許是一種流行，是一種嘗試，點綴在大魚大肉之後，吃一點有機健康食品，安慰一下想油切的心靈。

當你駐足在生鮮有機櫥窗前，是否會猶豫，有機蔬菜怎麼這麼昂貴，該買還是不買？一顆有機健康的心，是否需要有機食品來支持？面對琳瑯滿目的有機產品，反而讓人動搖心智，質疑自己是不是哪裡有病？

關於草原農法，我有一個特別的經驗，三年前因為已無多餘的空間可再種果樹，只好利用邊界低矮的綠籬，種上各類的芸香科柑橘，包括帝土柑、紅江

自家種植的蔬果多半不大，卻特別的甜。市場上賣的農作物，碩大肥美，有可能只是虛胖，裡面充塞的可能是未消化的尿素氮肥。許多人不敢吃紅蘿蔔，慵懶草原長大的孩子卻喜歡，因為它有市場販售所沒有的鮮甜。

橙、茂谷柑，三年後發現這些長在綠籬裡的果樹枝葉茂密、結果量特多，比較其他正規區域同期同種的柑橘，是倍數的成果，這有違於一般的思維，怎麼會這樣呢？這跟「no pain no gain」完全相反，顛覆了看天吃飯又辛勤農耕的傳統思維。三年間我只是偶而修枝矮化、偶而尿急往綠籬靠一下，連一桶水一點肥料也沒澆過，每一棵果樹卻都強健挺拔、結實纍纍，怎麼會這樣？因為綠籬間就是昆蟲微生物大量轉換滋生的地方，俯身彎腰看一看，那就像是一處原始森林，沒有人為干擾，土壤鬆軟、有機質高，摸一把綠籬裡的土壤就知道了，如果這真是一個道理，那麼果農們到底在忙什麼呢？忙著「有機農法」的瓶瓶罐罐生物製菌、忙著「慣行農法」殺光雜草施灑化肥？

綠籬裡的果樹，有柑橘、火龍果。它們的收成超乎想像的多，全靠什麼也不用做的「草原農法」。

養一個健康的天敵環境

綠籬裡的果樹經驗，還需要更長久的時間與事實來驗證，但是它支持了慵懶草原的信心，說明了草原農法的意義，是在營造環境，養一個健康又有天敵的環境。七年來，我挖溝讓活水進來，讓生命泉源流進、種滿綠籬，盡量使蟲滿為患，讓它們可以串聯又有屏障、種多樣化的喬木讓鳥禽天敵進入、堆石廊留草叢讓昆蟲益菌可社交可聯誼、做草坪停車場種草坪步道、做堆肥箱養枯枝堆。這些大大小小的試驗，沒有一件是針對果樹本身所下的功夫，卻有超乎想像的收穫。這就是草原農法要表達的，「之前辛勤種環境，之後慵懶悠閒等豐收；不在添加果樹的營養，而在強壯環境的健康。」對於沒有充足時間與經驗的假日農夫來說，這不就是最適合的懶人方法嗎？

日本岡田秀吉創立了秀明自然農法，我們的草原農法在健康環境的營造上，兩者有不謀而合的共通原則，但是心態上，秀明自然農法有嚴謹的紀律與教條，需要深化的心智，對於初耕作或想輕鬆玩的假日農夫來說，有些沉重。那就來做自己的草原農法吧！邊做邊玩、不要想當第一名學生，只要待在快樂的放牛班；要種良好的人生，而不是碩大飽滿的優秀果實，最終，香蕉還是小的甜，芭樂還是小的香。

草原農法告訴我們，只要心態正確，就會發掘最實用、最簡單、最健康的方法，即使沒有經驗、沒有知識，即使無所事事，老天也會給你意外的豐收。

引水自然灌溉。

不用肥料的香蕉，又甜又香。

長江七號米

長江七號米是幸福的代號，雖然最後種植失敗，但過程卻是一個成功的學習方式。「種稻」其實很簡單，「想種稻」比較難吧！這群小孩終於完成了一個「想種稻」的過程，從新年到夏至，從插秧到收割，從彎腰到振臂歡呼。

十幾多年前看過一部改編自漫畫的日劇《夏子的酒》，那是第一次，接觸到「有機農業」的觀念，但是，對於「有機」並沒有特別關注，因為那個年紀，眼球是盯著可愛的女主角，和久井映見的酒窩實在迷死人了。

勇氣勝過一切

沒想到十多年後，因為接觸了農耕生活，一時興起又把這部日劇租來看。這一次，腦海裡迴響很大的是「勇氣」，而不是「有機」這件事，因為「有機」只是一種方法，然而「勇氣」才是整個過程的必要條件。人，需要堅定的勇氣，才會有強大的信念去面對即將到來的困境和誘惑。

二十一歲的女孩，夏子，繼承哥哥想要釀造日本第一吟釀的遺志，哥哥只留下一包，即將消失的米種「龍錦」，這種龍錦米，只能用有機栽培，不能夠灑藥施肥，夏子相信只要成功栽培出龍錦，就能釀造出日本第一的吟釀，但是沒有人相信夏子，因為大家寧願相信農藥、機械、肥料。當然，夏子勇敢的去做了，用女孩纖細的雙手

用雙手、用最簡單工具、不灑肥、不噴藥，僅依賴天地種出的「長江七號米」。

插秧後

2008年1月試著在慵懶草原今果樹區的地上種稻， 2月插完秧，3月底新秧一片綠油油，到了6月終於離收割不遠。

墾地、栽培、收割、釀造。為什麼夏子可以擁有這樣堅強的勇氣，應該就是心中堅定的信念，堅定的相信，用有機自然的栽培，才能拯救即將消失的純淨自然。

我也挽起袖來，準備釀造心中的吟釀，挽起袖，並不單純的只是因為《夏子的酒》，才有這樣的衝動；其實早在十年前、二十年前、三十年前，我就開始醞釀了。想著小時候曾經走過的田埂路、緊貼著大人身後徒手插秧苗的喜悅；想起老人家感嘆曾經擁有連綿的水稻田，遺憾曾經的風光；想起一群小孩在新年快樂的稻草堆裡，和著爛泥巴而擁有了全世界；想著穿越稻田飛躍而過的火車，飛躍而過的歡樂年華。挽起袖來，找尋心中的吟釀，到底是什麼滋味。

接近收成

④ 犁田後引水測試水平。

⑤ 放水插秧。

⑥ 人工收割。

⑦ 稻子曬乾後用雙手將稻穀打在板上去殼。

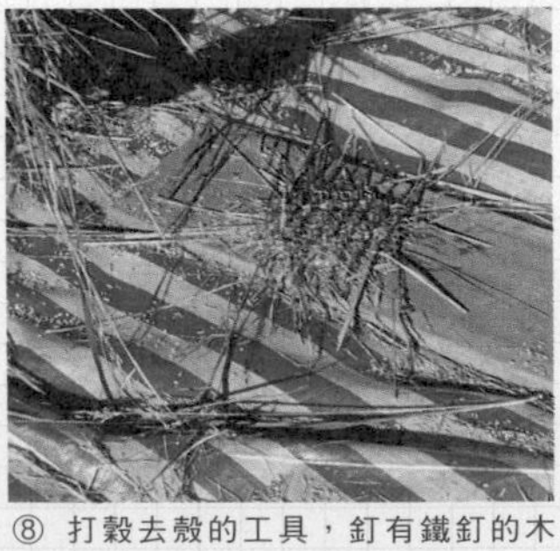

⑧ 打穀去殼的工具，釘有鐵釘的木板。

⑨ 打穀去殼後的稻穀與剩餘的稻桿粗殼。

來種長江七號米

① 割草後用圓鍬代整地

② [illegible]

③ 用小牛犁田機犁田。

當我揮下第一劃開始整地，真不知該從何處做起，當一劃一劃往前挖去，一邊揮汗一邊搖頭，喔！人生，好像就該做點傻事，就該不時往後看，才擁有往前的動力。往後看，小時候插秧的倒影就映在水田中央，老人家的叮嚀期望就浮在心頭；往前挖，因為想著有一天要與大家分享心中第一的吟釀，水來了，自己也深深感動。

幸福在於想種稻

種稻插秧，對我們來說，是一種體驗，一種實現，想用最簡單、最自然的方式種稻，用圓鍬、犛耙、鋤頭、小牛耕耘機、用雙手；不灑肥、不噴藥、僅依賴天地！如此種出來的米，傳奇的讓我想起周星馳的電影《長江七號》，忍不住將它命名為「長江七號米」。

長江七號米，是一種幸福的米種，因為不能使用農藥肥料，管理不易，結米率也較少，所以一般農夫逐漸捨棄，即將面臨消失的命運，就像傳統手藝、手工一樣，逐漸被機械化、電腦化所取代。長江七號米，雖然結米率較少，但是米粒碩大飽滿，團粒遇熱會散發稻梗的香。這種米，需要乾淨的土壤和水，才能成長；需要雙手的溫暖，遊戲的心情，才會結穗。

雖然長江七號米的種植最後是一個失敗經驗，卻是一個成功的學習方式。「種稻」其實很簡單，「想種稻」比較難吧！這次種稻在最後關頭抽穗的階段，經歷連續梅雨，未做適當防制，造成大部分的稻穗都染上穗稻熱病，而未結穗或是空包彈。結果有些惋惜，收成有些失望，但是這群小孩終於完成了一個「想種稻」的過程，從新年到夏至，從插秧到收割，從彎腰到振臂歡呼。

我開始尊敬每一粒得來不易的稻米，因為它們強韌健康，讓我們抱持希望；也開始尊敬自己的腰，因為這個部位還堪用，雖然隔天它就進廠維修；尊敬每個「想種稻」的小孩，因為他們跟其他小孩不同，選擇了不一樣的享受。

長江七號米，目前只有在鯉魚山腳下栽培，千萬別跑去市場或種苗行詢買，也千萬別跑去電影院買，這樣售票小姐會很為難的。長江七號米栽培地，也只適用歪七扭八以及彎彎曲曲的矩陣行列來插秧，反正，大過年嘛！反正，放牛班嘛！

插秧插得歪七扭八，是「長江七號米」的特徵。

草原便利商店

慵懶草原也開了便利商店，提供多樣又便利的食草蜜源、溫暖又清涼的樹蔭潮間帶、解悶也解饞的社交聯誼場所。哪怕是過境還是久居，來到草原便利商店都可以幸福的享用便利。

節氣小滿將至，稻禾開始結穗，稻穗小小的飽滿，農夫小小的心滿。古云：「大落大滿、小落小滿」，落代表降雨，這個時節梅雨開始，小意思又客套的落個幾滴雨，接下來，梅雨量會越來越多，穀穗越發飽滿。綿綿細雨中，站立的鷺鷥，跟它對望的是，田埂邊心滿又期待的荷鋤農夫。

歡迎來享受台灣島的幸福

有出國經驗的人一定也這樣感受著，在國外，要翻山越嶺，才能找到一間像樣的超商，既沒有大亨堡、也沒有御飯團，不能刷卡、要影印請再翻過另一座山。原來，台灣人是如此依賴著便利商店。原來，我們是如此幸福的生活在這便利中。

便利商店成功的複製模式，反映著生物本能上的需求與性格。它提供多樣化的選擇，乾淨清爽的環境，像家一樣光明溫暖，既有一般人能力負擔得起的日常商品，填補大家的基本需要，還是一個舒緩無聊與壓力的交誼場所。深夜趕報告、半夜睡不著、清晨夢醒，都可以朝著轉角的光明走去，便利商店，冬天給你溫暖、夏天給你清涼。可以穿著脫鞋點一杯拿鐵，望著窗外，引頸期盼老婆氣消後幫你開門；缺錢的時候，可以亮出提款卡，嘩啦拉就有鈔票，當然也可以掏出玩具手槍！空虛無聊時，可以請教店員美眉一些人生道理，當然也可以順便解決她的感情問題。

慵懶草原也開了便利商店，提供四面八方綱目科屬種前來消費享用。不論是兩棲爬蟲還是飛禽走獸，不論是皮卡丘還是小叮噹，通通都歡迎，而且大地主說通通免錢。草原便利商店提供多樣又便利的食草蜜源、溫暖又清涼的樹蔭沼間帶、解悶也解饞的社交聯誼場所。哪怕是過境還是久居，來到草原便利商店都可以幸福享用便利，享受屬於台灣島嶼應該有的幸福。為何要這麼做？生物間的關聯又干我們啥事？

黃裳鳳蝶終於來到慵懶草原，在綠籬間結蛹。

結蛹中的黃裳鳳蝶。

剛羽化的黃裳鳳蝶。

展露美麗身影的黃裳鳳蝶。

一個角落一棵樹的富足

有一年秋天的耕作片刻，戴著斗笠坐在細葉紋母樹下休息，我聽到一種前所未有的音響震撼，就在離我二公尺的樹叢裡翻滾流轉，就像是音樂廳裡所有中低音大提琴齊奏的和諧弦樂，不刺耳的頻率剛好適合秋天的耳朵，雖然震撼卻剛好適合樹下的靜坐與凝望，原來成千上萬的蜜蜂全部集中到這棵樹來採蜜，我從不知道這棵樹會奏樂，因為我從不知道紋母樹會開花，會開著滿樹音符的紅花。

在架構環境的開墾當下，在植樹的揮汗當時，對於生物多樣的好處，我並沒有像現在體會的這麼深刻，僅知道應該建構出適合各種生物棲息的便利環境、僅知道那些書本或課堂知識告訴我的綱要原則，我只是選擇相信應該這麼做，只是相信那是對的事，傻傻的相信而去做它。沒想到，種一顆紋母樹，它回報給我的是前所未有的聲響體驗，那不就是一種富足安康嗎？而那只是一個角落一棵樹種帶給我的富足感覺，誰知道，草原便利商店的大地主栽種了多少的富足安康！我安靜的坐在樹下閉起眼睛，聆聽這秋天裡的前所未聞。

瞧瞧飛來的青斑蝶，看看偷偷摸摸溜走的白腹秧雞，這些看似不相關的昆蟲鳥獸來訪，表示這兒有水有蜜、有安全有便利，這些富饒豐美的跡象意味著這裡有穩定與健康的生物環境。環境穩定健康，農作物自然不需要太多的人為管理，最重要的是，環境健康，人們活動其間，自然也健康，這才是真正富有的大地主呀！

小滿，我們生活中重要的節氣，相對的，也是生物朋友們重要的節氣，牠們依循著這些節氣換裝打扮，出門訪友。便利商店，一間連著一間，串連著我們生活的便利，希望生物朋友們也跟我們一樣，有多樣又便利的環境，草原便利商店開始營業了，希望從此一間一間蔓延下去。

剛羽化的蜻蜓。

剛修枝過的細葉紋母樹，不久後它又會為我們帶來一場音樂會。

地底世界

仰看一棵大樹，如果想著地底的世界，就不會輕易的在地面上添加水泥、蓋上柏油、亂加肥料；如果想著地底的世界，就會想盡辦法讓一棵樹擁有鬆軟的土壤，想辦法在樹的四周挖洞，讓水分更容易入滲、讓根系更容易呼吸、交換、利用。

買了一張台北往花蓮下午五點十分火車票，坐在月台等車，稍微一出神，就錯過了五點十分，我慌張的瞧了電子看板，幸好還有一班五點十八分的火車駛來。站在四面漆黑的回家月台上，唯一能做的就是趕緊跳上列車，因為沒有劃位，所以找了一處離車門較近的座位坐下，車行穿越地底的大台北，冒出地底後又銜接了瑞芳窗外的暗夜。這才發現，原來我坐的這班車，其實就是五點十分的那一班，只是，我從松山站上車，台

孩子呵護的作物，它的生長端賴地底土壤的健康與否。

北、松山差距正好八分鐘，再抬頭看一下座位號碼，那麼巧也是火車票上的座位。

地底二米的延伸

在地底下，我以為錯誤的一件事，其實本來就是對的，因為在地底下，我很難清楚作出判斷，沒有陽光的空間，總讓我頭腦簡單的只想著回家。

站在地底的月台，乾淨明亮與絡繹不絕的腳步，貼近圍繞著眼球，但是眼球卻眺不過在家鄉凝視一棵大樹的距離，視野更穿不透任何一扇窗，所以，在地底下盡可能的，低著頭，欣賞自己。

這讓我想起小學的畫圖課，老師如果沒有給題目，我一定會畫地底下的螞蟻王國，每次一下筆就high得停不下筆，鑽進地底世界，是多麼涼爽又亢奮的一件事！我會先為國王皇后的皇宮定位，然後延伸出通往每間密室的地底通道，我喜歡把密道系統畫得很複雜，彎曲、交錯、縱橫，然後再慢慢放進一隻一隻快樂勤勞的螞蟻，那些螞蟻，其實都是拿筆當下的自己。即使到現在，我也還在想著地底下的舞台劇，但是怎麼也不像地底月台所發生的事。

躺在慵懶草原，仰望三層高的大樹，我感覺到的不只是樹梢的搖曳，還感覺到地底下二米深的根莖，也在呼吸鼓動著。根莖本來只有五公分來著，它快活的循著鬆軟與濕氣，盡可能的拓展蔓延，像撒網一樣，勤勞的捕捉微生物，交換水氣分解養分。

在地下改變地上的菜單

躺在慵懶草原，很容易就感覺到地底下發生的活躍與關連，六月的初夏，光臘樹上的獨角仙，在一個月前，還只是活動在地底下的蛹團。之前，獨角仙媽媽產卵在光臘樹下周邊的草叢泥土裡，經過一年四季的地底蛹期，靜靜的躺著，偶爾變換一下睡姿，偶爾啃食腐木枯枝，一直到夏至來臨，脫蛹而出。一隻獨角仙的出現，不只是單純的代表著可愛討喜的昆蟲保護而已，它還代表著一連串的生態系統會伴隨著產生微妙的變化。

六月的獨角仙開始啃食光臘樹汁，金龜子、蜜蜂、豹紋蝶也伴隨而來，接著中階生物螳螂、蜥蜴來湊熱鬧，高階生物大卷尾、烏頭翁隨後報到。我們種的果樹，柑橘科

夏至從泥土中脫蛹而出的獨角仙，出現在光臘樹上，它啃食樹汁，留下的咬痕，又會吸引胡蜂前來吸食。

最害怕的天牛幼蟲，牠們的交配繁殖也在這個時候，大卷尾和烏頭翁一來，吃了牠們，正好順道幫我們清除了蟲害。一個月前只是一隻地底下的獨角仙蛹團，卻可以改變一個月後地上人間的菜單。

地底下還有鼴鼠、蚯蚓、蟋蟀、螞蟻出沒，牠們很會挖地道，會把硬梆梆的田土，變成鬆軟的巧克力鬆，牠們會引水、會分解，會把地底世界搞得滋潤又鬆軟，搞得熱鬧又肥沃。而你，只要躺在那裡仰望三層高的大樹，什麼事也不要幹。而你，就讓牠們在地底世界快活就好，別干擾人家。

沒有停止過的地底運作

靜靜的坐在大樹底下，不難聽見大自然工廠的蓬勃分工。身體的裡面，有心跳碰碰的響著、髮梢上掛著剛剛穿過樹

在慵懶草原挖一個深洞，隔一天就可以觀察到現地最常見的昆蟲。

林拉下來的蜘蛛絲；身體的外面，到處都是蓬勃的發生。水氣，從每一吋地底向上蒸散，順便拉拔了雜草一吋，我可以清晰聽見到處的窸窣挺拔聲。鼴鼠又在開會了，牠們會議的結論是，夏至將要挖鑿一條通往生態池的水源地道；霹靂趴趴的聲響，是擬步行蟲整群蹲在枯木堆裡大快朵頤，一口香腸一口海尼根，牠們得趁著天黑前結束派對，因為下一場換馬陸和蟻象。靜靜的坐在大樹底下，就能夠聽見所有勤勞、積極的聲響，從沒間斷的運作著。

我們平常習慣的世界，都是地面上的觸目所及，我們平常習慣的選擇，也都是地上人間的思考。其實，地底下的世界，也就是維繫地面上健康的溫床。樹的健康，我們常常會忘記了是地底下根系的因素，不是肥料；農作物的健康，我們常常忘記了要讓土壤鬆軟與微菌增加，不是肥料。

站在地下月台上，我想著，地底的世界，應該是如此嗎？怎麼一點都不像快樂又勤勞的螞蟻王國。火車冒出地面後又銜接了瑞芳窗外的暗夜，我想著，都市本來就應該有都市的模樣，為了效率與便利，建築量體必須往高處爬、往地底鑽。我的心思不斷穿梭在地下月台與家鄉的大樹根系之間，這也代表著都市與鄉野的區別，也代表著化合物與有機體的區別，也代表著立即效益與長遠永續的區別。火車停靠在花蓮站，我迫不及待的想脫下皮鞋，光著腳丫，躺在大樹下，我明天還是請假好了。

剛出生的小地鼠，長大後，牠們會幫忙鬆土。

地鼠的地道四通八達，每個出口周邊一定還有其他的出入口，正是牠們翻土功力的展現。

山谷曲線

如果沒有經過那一段艱辛，吃到的只是買來乾淨的蔬菜，吃不進充滿感動的能量；如果沒有親手去對抗競爭，永遠感受不到競爭何來、優勢何來；種菜，不光是種可食的營養，也在種心態、種知識、種生活。

以前聽一位有機農夫說過，從事無農藥耕作，第一年的收成總讓人喜出望外，不管曾噴灑過農藥還是荒煙漫草，初耕種的田都會送農夫一個豐收的禮物，讓人自信滿滿的掉進有機栽培裡。可是接下來的第二年、第三年、第四年，豐收成果會每況愈下，逐漸摧毀第一年的信心，因此，有些人第二年開始猶豫了、第三年灰心了、第四年放棄了。這就是所謂山谷曲線，第二年、第三年、第四年像溜滑梯的滑到山谷，正當你心灰意冷的時候，曲線卻開始往上爬，爬升的速率就端視你如何對待這塊土地了。

最壞的情況已過

建國一百年的元旦，慵懶草原邁向第六個年頭，我發現這個春天，耕種成果令人出乎意料。

踩過田埂間，我帶孩子尋找昆蟲live秀裡頭愛啃拾菜葉的毛毛蟲，每年初春的高麗菜田，走一圈就可以抓一碗滿滿的紋白蝶幼蟲，今年幾乎找不到了。我的第一個直覺

從木瓜溪鯉魚山腳下，仰望奇萊山頭的皚皚新年。
經過這些年的努力，民國百年，田裡吃菜的蟲變少了，慵懶草原終於度過有機耕種的山谷曲線考驗。

是，曲線已經往上爬了，雖然還有其他的氣候或是周邊環境因素關係著，但我卻自信滿滿的認為，最壞的情況已經過了。

孩子找不到毛毛蟲，有些失望，沒關係，阿爸帶你去抓草堆裡頭滿滿的蟋蟀，還有小青蛙，他們都是大戶喔！

為什麼會有曲線的形成？在沒有農藥和肥料的情況下，第一年的土壤殘留著以前施灑的各種肥分、病蟲卵也才開始滋生，益蟲壞蟲尚未移動前來，收成當然不錯，相對的，健康的益菌、也才開始萌發。第二年，可以想到的病蟲害，在沒有化學藥劑的威脅下開始任意萌發，又沒有有足夠力量的益菌抵抗之；毛毛蟲、跳蚤、蚜蟲、天牛、忍者龜、超級賽亞人，連番戲弄你的脆弱、挑戰你的信心，讓人以為來到了潘朵拉星球。第三年，自然環境仍沒有天敵進駐，好像只能雙手一攤的自我掙扎，曾經有過的嘗試一一挫敗或是嫌麻煩礙事，堆肥、蓋網、套袋、忌避作物都沒有用？第四年，也許又重拾藥劑瓶瓶罐罐，也許又是荒煙蔓草了，其實只要再堅持一下，就可以看見過去的努力與堅持有了轉機。

種蟲蟲愛吃的菜

既然，會呈現山谷曲線，那前幾年乾脆不要種菜呀？如果會想用無農藥栽培、會想吃乾淨的蔬菜，表示你有「向善」的知覺，有想純淨健康的想法。種菜，不光是種可食的

早年種的高麗菜，一下就被啃光了。

高麗菜的旁邊種了大蒜、青蔥等忌避作物，即使沒有蓋網也可以長得好好的。

營養，也在種心態、種知識、種生活。如果沒有經過那一段艱辛，吃到的只是買來乾淨的蔬菜，吃不進充滿感動的能量；如果沒有親手去對抗競爭，永遠感受不到競爭何來、優勢何來；如果沒有種過蟲蟲愛吃的葉菜，土壤和環境就不會生產自發性的抵抗益菌與天敵。

當我們看見害蟲時，其實益蟲也悄悄來臨了，可是我們常常暴躁的忘了打招呼；當我們遇見困難時，相對地也開啟了我們尋找另一片善知識的可能；沮喪過後，土壤就會有抗體、你的心智也會有了抗體。要去做，跟這塊土地才會有連結，才有資格靠著人的意念來控制這片田地。

電影《阿凡達》中，阿凡達族人一生可以選擇一隻靈鳥，載他乘風破浪，到底要選擇哪一隻靈鳥？其實是由靈鳥決定的，就是想殺掉他的那一隻。阿凡達必須信念堅定用勇氣和智慧來征服靈鳥，然後用髮梢連結靈鳥，通過靈鳥的測試，靈鳥就會一輩子追隨阿凡達的意念。

與大地做連結

《阿凡達》故事情節很簡單，訴求的議題也是老梗了，像人類的貪婪、尊重大地、保護原住民文化等。其中，運用動畫表現，和大地萬物連結的髮梢形體展現的「連結關係」，在我的心裡早已醞釀很久。人類，就是因為沒有這種和大地連結的關係，所以蔑視萬物、輕率的為所欲為，現在常聽見，要環保、愛地球，聽久以後，總覺得它還是標語、是口號。如果，人類和大地之間沒有一層深刻的連結，那麼到底要怎麼愛地球？不妨，先試著種菜、種花草，這就是和大地最簡單直接的連結關係，撫摸著大地，藉著雙手和大地連結，讓大地和我們同悲同喜。

孩子從小就跟一旁學種菜，這是一種與大地最簡單最直接的連結。

畫藍圖 94.8～94.12

買地後趁著香蕉園還留著，地上有農作物先申請農業用電。一場颱風過後，才以大型犁田機將受災的香蕉園剷平，並請挖土機開挖出蜿蜒的生態溝池，整個慵懶草原的平面架構有了初步的形貌。

項　目	費　用	單　價
一、申請農業用電	約3萬元	申請費與電桿電錶約3萬元
二、整地 （確定平面架構）	約1萬元	挖土機一天8小時約9000元

拓荒地 95.1～95.6

在一片雜草中，慵懶草原的基礎架構，包括簡易工寮、停車場、籬笆、生態溝渠、地下水鑿井、拱橋、種樹苗等工作，大約花了半年的時間始完成。

項　目	費　用	單　價
一、搭建簡易工寮	約1萬元	廢材一批5000元 南方松板材5000元
二、圍籬水泥柱	約6萬元	水泥柱一根180cm×8cm×8cm 約400元 黑色圍籬塑膠網30m×180cm 約800元
三、停車場	約1.5萬元	級配含運費2500元/一卡車 細砂400元/一立方 百慕達草籽400元/1公斤
四、生態溝池	約1萬元	黏土含運費2500元/一卡車 石頭含運費2500元/一卡車
五、種成樹 （塑造立體架構）	約3萬元	成樹依樹幹直徑計算， 10cm以內原生樹種約3000元左右
六、地下水鑿井	約6萬元	鑿井約500元/一尺 抽水馬達約10000元/一個
七、鋪草坪	約1萬元	一坪約300元左右

整草原 95.6～96.12

此時盡可能將工寮周邊美化與舒適化，添購割草與犁田設備後，開始有能力拓展至整個園區，開始可以控制雜草與學習耕種生產。

項　目	費　用	說　明
一、背負式割草機	1萬元	台製6000元上下； 進口日製10000元上下
二、平推式割草機	2萬元	台製12000元上下； 進口日製20000元上下
三、小型中耕機	2.5萬元	台製小型可攜式耕耘機 25000元上下
四、種樹苗、果苗	約3萬元	小苗、果苗 利用網路拍賣網站陸續購買
五、園藝裝飾彩繪	約1萬元	主要利用廢木料 製作拱門、野餐桌、鋼琴 板材為木材行購買
六、種草	0元	阡插地毯草
七、蒐購廢木料、鋼材	約5萬元	資源回收場蒐購

種房子 97夏天～98春天

種房子階段，我們在工寮原址重新種房子，是一棟11坪的鋼構小木屋，戶外平台15坪，包覆著原本就預留的台灣欒樹和無患子。房子種好了，我們還是習慣在戶外平台上用餐聊天、還是習慣推開門，走到雜草邊彎下腰來曬太陽。

項　目		費　用	說　明
室　內	一、基礎、鋼結構、屋頂、木牆面、水電、廚具、浴室	79.5萬元	約11坪，挑高4.5公尺
戶外	一、木平台鋼結構＋工資	3萬元	16坪木平台，木板是舊木料
	二、鐵製大門	3萬元	
自行施工	一、木地板材料費 實木＋耐磨地板	3萬元	
	二、閣樓板材費	1萬元	花旗松
	三、油漆材料費	0.5萬元	
合計		90萬元	

詳細費用參見PART4〈種房子〉

Taiwan Style 16

鯉魚山下種房子 假日農夫奮鬥記

作者／陳寶匡

攝影・繪圖／李欣穎

總編輯／黃靜宜
專案主編／陳淑華
編務協成／張詩薇、高竹馨
美術設計／張小珊工作室
企劃／叢昌瑜、葉玫玉

發行人／王榮文
出版發行／遠流出版事業股份有限公司
地址：台北市100南昌路二段81號6樓
電話：（02）2392-6899
傳真：（02）2392-6658
郵政劃撥：0189456-1
著作權顧問／蕭雄淋律師
輸出印刷／中原造像股份有限公司
2012年8月1日　初版一刷
2015年9月7日　初版三刷
定價 320 元

特別感謝　2home網友alan提供p20、22、35的空拍圖

Printed in Taiwan
ISBN 978-957-32-7032-4
YLib遠流博識網　http://www.ylib.com

國家圖書館出版品預行編目(CIP)資料

鯉魚山下種房子：假日農夫奮鬥記／陳寶匡著.
-- 初版. -- 臺北市：遠流, 2012.08
面；　公分. -- (Taiwan style；16)
ISBN 978-957-32-7032-4(平裝)
1.農民 2.農地

431.4　　101013814